技工院校"十四五"规划服装设计与制作专业系列教材
中等职业技术学校"十四五"规划艺术设计专业系列教材

服装专用软件制版

吴建敏　石秀萍　高慧兰　侯昌繁　主　编
张晓嘉　许西平　陈细佳　副主编

华中科技大学出版社
http://press.hust.edu.cn
中国·武汉

内 容 提 要

本教材介绍了富怡 CAD、ET CAD、博克 CAD 三个服装专用软件的基本原理,从软件的中、高级技能制版实例等方面对服装 CAD 制版进行深入的分析与讲解,帮助学生了解服装 CAD 制版的历史及发展,掌握服装 CAD 软件系统及其基本操作等知识点,以及服装 CAD 中、高级技能制版实例。本教材结合企业服装 CAD 制版特点,以技工院校、中等职业院校有关服装制版师中、高级职业水平认定为出发点,运用工学一体方式展开,通过对知识点和技能点的详细讲解及实训,帮助学生更好地理解服装专用软件制版对企业生产的重要作用。本教材介绍了多个专用软件的实例操作,知识全面,条理清晰,注重理论与实践的结合,每个项目都设置了相应的实操练习,符合职业院校的人才培养需求,同时也可作为服装制版行业人员的重要参考资料。

图书在版编目(CIP)数据

服装专用软件制版 / 吴建敏等主编. -- 武汉 : 华中科技大学出版社, 2024. 8. -- (技工院校"十四五"规划服装设计与制作专业系列教材). -- ISBN 978-7-5772-1147-3

Ⅰ. TS941.2

中国国家版本馆 CIP 数据核字第 20247CN387 号

服装专用软件制版
Fuzhuang Zhuanyong Ruanjian Zhiban

吴建敏　石秀萍　高慧兰　侯昌繁　主编

策划编辑:金　紫
责任编辑:段亚萍
封面设计:金　金
责任监印:朱　玢
出版发行:华中科技大学出版社(中国·武汉)　　电话:(027)81321913
　　　　　武汉市东湖新技术开发区华工科技园　　邮编:430223
录　　排:华中科技大学惠友文印中心
印　　刷:武汉科源印刷设计有限公司
开　　本:889mm×1194mm　1/16
印　　张:12.5
字　　数:405 千字
版　　次:2024 年 8 月第 1 版第 1 次印刷
定　　价:38.00 元

技工院校服装设计与制作专业系列教材
中等职业技术学校艺术设计专业系列教材
编写委员会名单

● **编写委员会主任委员**

文健（广州城建职业学院科研副院长）　　　　　　宋雄（广州市工贸技师学院文化创意产业系副主任）

叶晓燕（广东省交通城建技师学院艺术设计系主任）　张倩梅（广东省交通城建技师学院艺术设计系副主任）

周红霞（广州市工贸技师学院文化创意产业系主任）　吴锐（广州市工贸技师学院文化创意产业系广告设计教研组组长）

黄计惠（广东省轻工业技师学院工业设计学院教学科长）汪志科（佛山市拓维室内设计有限公司总经理）

罗菊平（佛山市技师学院应用设计系副主任）　　　　林姿含（广东省服装设计师协会副会长）

● **编委会委员**

陈杰明、梁艳丹、苏惠慈、单芷颖、曾铮、陈志敏、吴晓鸿、吴佳鸿、吴锐、尹志芳、陈思彤、曾洁、刘毅艳、杨力、曹雪、高月斌、陈矗、高飞、苏俊毅、何淦、欧阳敏琪、张琮、冯玉梅、黄燕瑜、范婕、杜聪聪、刘新文、陈斯梅、邓卉、卢绍魁、吴婧琳、钟锡玲、许丽娜、黄华兰、刘筠烨、李志英、许小欣、吴念姿、陈杨、曾琦、陈珊、陈燕燕、陈媛、杜振嘉、梁露茜、何莲娣、李谋超、刘国孟、刘芊宇、罗泽波、苏捷、谭桑、徐红英、阳彤、杨殿、余晓敏、刁楚舒、鲁敬平、汤虹蓉、杨嘉慧、李鹏飞、邱悦、冀俊杰、苏学涛、陈志宏、杜丽娟、阳丽艳、黄家岭、冯志瑜、丛章永、张婷、劳小芙、邓梓艺、龚芷玥、林国慧、潘启丽、李丽雯、赵奕民、吴勇、刘殷君、陈玥冰、赖正媛、王鸿书、朱妮迈、谢奇肯、杨晓玲、吴滨、胡文凯、刘灵波、廖莉雅、李佑广、曹青华、陈翠筠、陈细佳、代蕙宁、古燕苹、胡年金、荆杰、李津真、梁泉、吴建敏、徐芳、张秀婷、周琼玉、张晶晶、李春梅、高慧兰、陈婕、蔡文静、付盼盼、谭珈奇、熊洁、陈思敏、陈翠锦、李桂芳、石秀萍、周敏慧、邓兴兴、王云、彭伟柱、马殷睿、汪恭海、李竞昌、罗嘉劲、姚峰、余燕妮、何蔚琪、郭咏、马晓辉、关仕杰、杜清华、祁飞鹤、赵健、潘泳贤、林卓妍、李玲、赖柳燕、杨俊龙、朱江、刘珊、吕春兰、张焱、甘明坤、简为轩、陈智盖、陈佳宜、陈义春、孔百花、何旭、刘智志、孙广平、王婧、姚歆明、沈丽莉、施晓凤、王欣苗、陈洁冬、黄爱莲、郑雁、罗丽芬、孙铁汉、郭鑫、钟春琛、周雅靓、谢元芝、羊晓慧、邓雅升、阮燕妹、皮添翼、麦健民、姜兵、童莹、黄汝杰、薛晓旭、陈聪、邝耀明

● **总主编**

文健，教授，高级工艺美术师，国家一级建筑装饰设计师。全国优秀教师，2008年、2009年和2010年连续三年获评广东省技术能手。2015年被广东省人力资源和社会保障厅认定为首批广东省室内设计技能大师，2019年被广东省教育厅认定为建筑装饰设计技能大师。中山大学客座教授，华南理工大学客座教授，广州大学建筑设计研究院室内设计研究中心客座教授。出版艺术设计类专业教材120种，拥有具有自主知识产权的专利技术130项。主持省级品牌专业建设项目、省级实训基地建设项目、省级教学团队建设项目3项。主持100余项室内设计项目的设计、预算和施工，项目涉及高端住宅空间、办公空间、餐饮空间、酒店、娱乐会所、教育培训机构等，获得国家级和省级室内设计一等奖5项。

● 合作编写单位

（1）合作编写院校

广州市工贸技师学院	广州市蓝天高级技工学校
佛山市技师学院	茂名市交通高级技工学校
广东省交通城建技师学院	广州城建技工学校
广东省轻工业技师学院	清远市技师学院
广州市轻工技师学院	梅州市技师学院
广州市白云工商技师学院	茂名市高级技工学校
广州市公用事业技师学院	汕头技师学院
山东技师学院	广东省电子信息高级技工学校
江苏省常州技师学院	东莞实验技工学校
广东省技师学院	珠海市技师学院
台山敬修职业技术学校	广东省机械技师学院
广东省国防科技技师学院	广东省工商高级技工学校
广州华立学院	深圳市携创高级技工学校
广东省华立技师学院	广东江南理工高级技工学校
广东花城工商高级技工学校	广东羊城技工学校
广东岭南现代技师学院	广州市从化区高级技工学校
广东省岭南工商第一技师学院	肇庆市商业技工学校
阳江市第一职业技术学校	广州造船厂技工学校
阳江技师学院	海南省技师学院
广东省粤东技师学院	贵州省电子信息技师学院
惠州市技师学院	广东省民政职业技术学校
中山市技师学院	广州市交通技师学院
东莞市技师学院	广东机电职业技术学院
江门市新会技师学院	中山市工贸技工学校
台山市技工学校	河源职业技术学院
肇庆市技师学院	
河源技师学院	

（2）合作编写组织

广州市赢彩彩印有限公司

广州市壹管念广告有限公司

广州市璐鸣展览策划有限责任公司

广州波错展览设计有限公司

广州市风雅颂广告有限公司

广州质本建筑工程有限公司

广东艺博教育现代化研究院

广州正雅装饰设计有限公司

广州唐寅装饰设计工程有限公司

广东建安居集团有限公司

广东岸芷汀兰装饰工程有限公司

广州市金洋广告有限公司

深圳市千千广告有限公司

广东飞墨文化传播有限公司

北京迪生数字娱乐科技股份有限公司

广州易动文化传播有限公司

广州市云图动漫设计有限公司

广东原创动力文化传播有限公司

菲逊服装技术研究院

广州市珈钰服装设计有限公司

佛山市印艺广告有限公司

广州道恩广告摄影有限公司

佛山市正和凯歌品牌设计有限公司

广州泽西摄影有限公司

Master 广州市燚大师艺术摄影有限公司

广州昕宸企业管理咨询有限公司

序 言

　　技工教育和中职中专教育是中国职业技术教育的重要组成部分，主要承担培养高技能产业工人和技术工人的任务。随着"中国制造 2025"战略的逐步实施，建设一支高素质的技能人才队伍是实现规划目标的必备条件。如今，国家对职业教育越来越重视，技工和中职中专院校的办学水平已经得到很大的提高，进一步提高技工和中职中专院校的教育、教学和实训水平，提升学生的职业技能，弘扬和培育工匠精神，已成为技工院校和中职中专院校的共同目标。而高水平专业教材建设无疑是技工院校和中职中专院校教育特色发展的重要抓手。

　　本套规划教材以国家职业标准为依据，以综合职业能力培养为目标，以典型工作任务为载体，以学生为中心，根据典型工作任务和工作过程设计教学项目和学习任务。同时，按照工作过程和学生自主学习的要求进行内容设计，实现理论教学与实践教学合一、能力培养与工作岗位对接合一、实习实训与顶岗工作合一。

　　本套规划教材的特色在于：在编写体例上与技工院校倡导的"教学设计项目化、任务化，课程设计教、学、做一体化，工作任务典型化，知识和技能要求具体化"紧密结合，体现任务引领实践的课程设计思想，以典型工作任务和职业活动为主线设计教材结构，以职业能力培养为核心，将理论教学与技能操作相融合作为课程设计的抓手。本套规划教材在理论讲解环节做到简洁实用、深入浅出；在实践操作训练环节体现以学生为主体的特点，创设工作情境，强化教学互动，让实训的方式、方法和步骤清晰，可操作性强，并能激发学生的学习兴趣，促进学生主动学习。

　　本套规划教材由全国 50 余所技工院校和中职中专院校服装设计专业共 60 余名一线骨干教师与 20 余家服装设计公司一线服装设计师联合编写。校企双方的编写团队紧密合作，取长补短，建言献策，让本套规划教材更加贴近专业岗位的技能需求，也让本套规划教材的质量得到了充分的保证。衷心希望本套规划教材能够为我国职业教育的改革与发展贡献力量。

技工院校服装设计与制作专业系列教材
总主编
中等职业技术学校艺术设计专业系列教材

教授 / 高级技师　**文健**

2021 年 5 月

前 言

"服装专用软件制版"是服装设计与制作专业的一门必修核心课程，重在实践。在服装 CAD 面市的 20 余年间，服装 CAD 技术得到了迅猛发展。近年来，服装 CAD 广泛应用于服装企业的设计与研发领域，软件的专业化、智能化水平大为提高，服装 CAD 制版也在向着数字化、自动化、智能化的方向发展。

本教材介绍了富怡 CAD、ET CAD、博克 CAD 三个服装专用软件的基本原理，从软件的中、高级技能制版实例等方面对服装 CAD 制版进行深入的分析与讲解，帮助学生了解服装 CAD 制版的历史及发展，掌握服装 CAD 软件系统及其基本操作等知识点，以及服装 CAD 中、高级技能制版实例。本教材结合企业服装 CAD 制版特点，以技工院校、中等职业院校有关服装制版师中、高级职业水平认定为出发点，运用工学一体方式展开，通过对知识点和技能点的详细讲解及实训，帮助学生更好地理解服装专用软件制版对企业生产的重要作用。

本教材在编写体例上与技工院校倡导的教学设计项目化、任务化，课程设计教、学、做一体化，知识和技能要求具体化等紧密结合，体现任务引领、实践导向的课程设计思想，以综合职业能力培养为核心，以理论教学与技能操作融合贯通为课程设计的抓手。本教材在理论讲解环节做到简洁实用、深入浅出；在实践操作训练环节，以学生为主体，教学互动充分，实训的方式、方法、步骤清晰，可操作性强，知识、技能跨度设计合理，能在每个学习阶段激发学生的学习兴趣，使学生主动学习。

本教材在编写过程中得到了东莞市技师学院、广东省轻工业技师学院、广东省粤东技师学院等院校师生的大力支持和帮助，在此表示衷心的感谢。由于编者的学术水平有限，本教材可能存在一些不足之处，敬请读者批评指正。

吴建敏

2024 年 3 月

课时安排（建议课时170）

项目	课程内容		课时
项目一　富怡CAD基本原理	学习任务一　富怡CAD的系统介绍	2	24
	学习任务二　富怡CAD的基本操作	20	
	学习任务三　服装CAD的作用与发展趋势	2	
项目二　富怡CAD制版实例	学习任务一　服装制版师中级技能款富怡CAD制版	12	48
	学习任务二　服装制版师高级技能款富怡CAD制版	16	
	学习任务三　服装技能竞赛款富怡CAD制版	20	
项目三　ET CAD基本原理	学习任务一　ET CAD概述	2	22
	学习任务二　ET CAD的基本操作	20	
项目四　ET CAD制版实例	学习任务一　服装制版师中级技能款ET CAD制版	12	28
	学习任务二　服装制版师高级技能款ET CAD制版	16	
项目五　博克CAD基本操作与制版实例	学习任务一　博克CAD基本原理与操作	20	48
	学习任务二　服装制版师中级技能款博克CAD制版	12	
	学习任务三　服装制版师高级技能款博克CAD制版	16	

目 录

项目一　富怡 CAD 基本原理

学习任务一　富怡 CAD 的系统介绍

教学目标

1. 专业能力：能够认识服装 CAD 的概念、起源、系统分类与功能，了解富怡 CAD 的操作界面、术语及快捷键。

2. 社会能力：能够认知服装 CAD 各个软件的工作过程及相互联系。

3. 方法能力：培养细心观察、分析思考和总结归纳的能力。

学习目标

1. 知识目标：了解富怡 CAD 的操作界面、术语及快捷键。

2. 技能目标：能正确安装和打开服装 CAD 常用软件，分辨各软件的特点，新建和保存富怡 CAD 相关文件。

3. 素质目标：学会收集信息资料，开阔视野，提升综合能力。

教学建议

1. 教师活动：教师通过展示不同款式服装运用 CAD 制版、放码和排料的图片，帮助学生认识服装 CAD 的概念、起源、系统分类与功能，了解富怡 CAD 的操作界面、术语及快捷键，引导学生深入思考服装 CAD 各个软件系统的功能及相互联系。

2. 学生活动：识别 CAD 的系统分类，观察富怡 CAD 制版、放码和排料的界面和工作过程，新建富怡 CAD 文件及文件夹，识别制版文件、放码文件及排料文件。

一、学习问题导入

各位同学,大家好!当今社会计算机技术已经渗透到我们的学习、工作和生活的方方面面,服装领域当然也不例外。今天我们开始学习的服装 CAD 软件,正是被广泛应用于服装工业制版和排料环节中的计算机辅助设计软件。服装打版、推版、排料从传统手工操作到计算机辅助设计,是服装工业的一次重大技术变革。通过对服装 CAD 几大系统的学习,大家将对其功能和现实意义有更深的认识。本项目我们重点介绍富怡服装 CAD,请同学们观察图 1-1,想一想这几个界面分别在做什么操作呢。

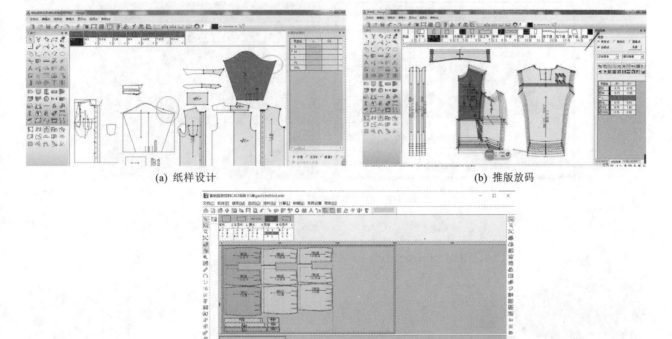

(a) 纸样设计 　　　　　　　　　(b) 推版放码

(c) 唛架排料

图 1-1　富怡服装 CAD 的操作界面展示

二、学习任务讲解

1. 服装 CAD 的概念与起源

CAD 是计算机辅助设计(computer aided design)的英文缩写,应用在服装设计领域的 CAD 被称为"服装 CAD",即服装计算机辅助设计。服装 CAD 是计算机辅助设计技术在服装工业中的一个重要的、卓有成效的应用领域,是人类借助计算机这一现代化工具来完成服装设计各个环节的现代技术手段。

服装 CAD 是在 20 世纪 70 年代起步发展的,最早源于美国,随后日本、法国、西班牙、德国、加拿大及中国等相继推出服装 CAD 产品。我国开发应用服装 CAD 的速度较快,目前国内市场开发的服装 CAD 软件已有几十个,不仅能满足服装企业生产和院校教学的要求,而且在产品实用性、可维护性、产品升级等方面也接近国际先进水平。

如今,是否应用服装 CAD 技术进行服装生产已经成为衡量服装企业设计水平和产品质量的重要标准。目前国内服装 CAD 品牌主要有 Richpeace 富怡、ET、博克、日升 NAC、爱科 Echo、航天 Arisa、智尊宝纺、比力、樵夫、8 时高、佑手、盛装、服装大师、突破、瑞丽、丝绸之路、金顶针、英格、羽田、宝仙路、丽格等。国外服装 CAD 品牌主要有美国的格柏(Gerber)和 Optitex 匹吉姆(PGM)、法国的力克(Lectra)、德国的艾斯特(Assyst)、日本的东丽(Toray)、加拿大的派特(PAD)、西班牙的因维斯特 (Investronic)等。深圳盈瑞恒科技有限公司研发的 Richpeace 富怡服装 CAD 起步早、功能强大,在国内服装院校教学、服装企业生产及服装类竞赛中使用率较高。

2. 服装 CAD 的系统分类及功能

服装 CAD 系统以计算机为核心,由软件和硬件两大部分组成。服装 CAD 硬件系统包括工作站计算机、图形输入和输出设备。服装 CAD 软件系统从功能划分,包括服装款式设计系统、服装纸样设计系统、服装推版放码系统、服装排料系统、服装工艺设计系统等。

(1)服装 CAD 的硬件系统。

①CAD 工作站计算机:包括台式电脑、笔记本电脑等,如图 1-2 所示。

图 1-2　台式电脑和笔记本电脑

②图形输入设备(input):包括数码相机、数字化仪、人体三维扫描仪、平板扫描仪等,如图 1-3 所示。

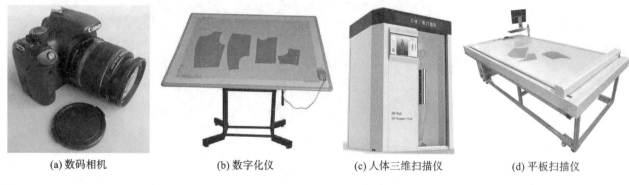

(a)数码相机　　　　(b)数字化仪　　　　(c)人体三维扫描仪　　　　(d)平板扫描仪

图 1-3　图形输入设备

③图形输出设备(output):包括服装绘图仪(纸样打印机)、纸样切割机、CAM 自动裁床等,如图 1-4 所示。

(2)服装 CAD 的软件系统及功能。

随着服装业的发展,服装 CAD 软件开发的种类也越来越多样化。与制版相关的服装 CAD 软件系统一般包括以下三种。

①纸样设计系统(PDS,pattern design system):主要用于服装平面纸样结构设计,包括结构图的绘制、纸样的生成、缝份的加放、标注标记等基本功能,如图 1-5 所示。公式制图能根据打版师的打版习惯运用公式或者某些经验数据进行纸样的制作。自由设计法适用于女士时装以及款式变化较为复杂的服装的制作,例如转省、修省、褶皱、省展开、切割以及拐角的制作等。这些在手工制作中较为复杂和烦琐的工作在 CAD 打版中都变得简洁、方便、轻松和自由,创意可以得到充分的发挥。修版灵活快捷,可以直接改变某些部位的尺寸,进行款式变化或规格尺寸上的调整,达到修改纸样或款型的效果。系统具有智能化的学习及记忆制版方法、过程和数据的功能,只要输入其他号型或者个体尺寸,系统可自动完成不同号型和尺寸的纸样,或者某个特定人体的尺寸的样片,避免了设计师的重复性劳动;能随意修改规格尺寸,使单量单裁的个体服装制作更加方便;可以连接扫描仪扫描款式图片、照片、图案或者花纹等,将款式图片和该款式纸样一一对应,方便设计师参照或查找;还可以临摹扫描的图形轮廓,将该轮廓形状直接转变为纸样或者样片。例如,

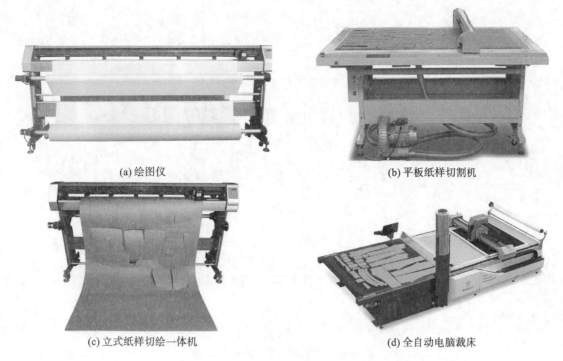

(a) 绘图仪

(b) 平板纸样切割机

(c) 立式纸样切绘一体机

(d) 全自动电脑裁床

图 1-4　图形输出设备

在玩具的制作中,就可以用此功能,既方便又省力省时。另外,还可以用此功能直接扫描绣花图案或花边,将这些图案贴放到纸样上正确的位置,既直观又准确。

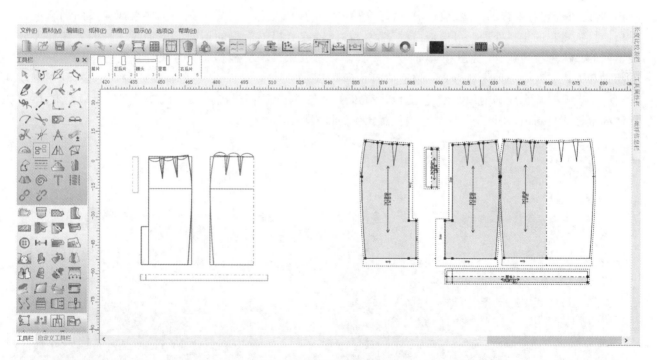

图 1-5　服装 CAD 纸样设计示例

　②放码系统(GGS,garment grading system):主要用于服装工业纸样设计,由单号型纸样生成系统多号型纸样,如图 1-6 所示。放码系统提供了点放码、规则放码、线放码和量体放码多种放码方式,提供了一系列的改样工具,如假缝、切割、拼接、加褶、加省、转省、加展开量和加剪口,等等。可通过数化板(数字化仪)将实际尺寸的纸样输入电脑中进行编辑,具有比例缩放纸样、缩水处理等特殊处理功能。独立的输出绘图功能,不仅可绘制实际尺寸的纸样,也可按任意比例输出纸样,既可绘制放码重叠效果图,又可分码输出独立纸样。

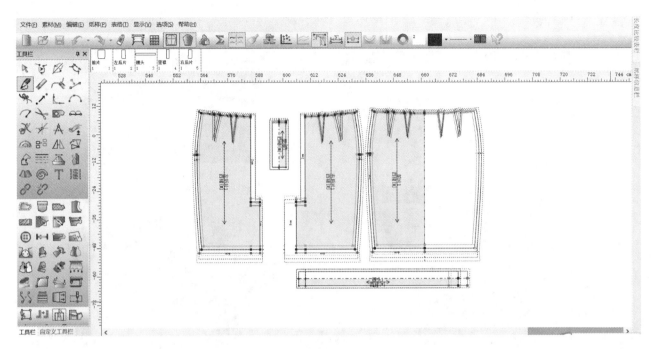

图 1-6　服装 CAD 放码示例

　　③排料系统(GMS，garment marking system)：主要用于制订服装纸样在裁床中的排列方案，是裁剪的依据。包括设置门幅、缩水率等面料信息，进行样片的模拟排料，确定最佳排料方案，如图 1-7 所示。纸样设计模块、放码模块产生的款式文件可直接导入排料模块中的待排工作区内，对不同款式、号型可任意混装、套排，同时可设定各纸样的数量、属性等，做好排料之前的编辑工作。可针对条、格、斜纹或花纹的面料进行对条、对格、对花的排料处理。可根据面料、辅料和衬料，或者根据面料的不同颜色将同一款的服装样片分成不同的裁床进行裁剪，可以分为"单布号分床""多布号分床"以及"根据布料分离样片"。具有手动式、全自动式和人机交互式三种排料方式。快速估料和算料，通过一个算料表格，将各种损耗输入进去，利用自动排料或手动排料算出准确的用布量，快速地估算该款的布料用量，同时确定成本预算。不仅可以绘制 1∶1比例的纸样或排料图，还可用打印机输出任意比例的排料图。

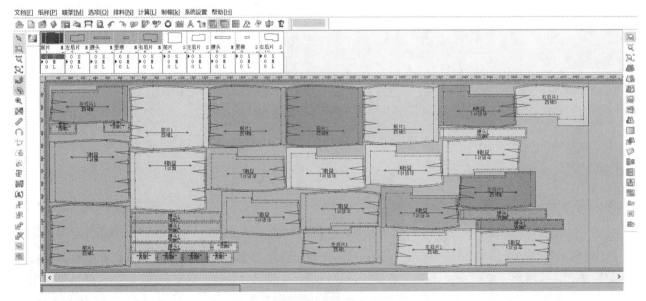

图 1-7　服装 CAD 排料示例

　　本学习任务主要介绍富怡服装 CAD 制版相关的软件，下面我们以富怡 Richpeace Super V8 或富怡Richpeace CAD(院校版)V10.0 版本为例进行介绍。由于该版本的纸样设计系统与放码系统合二为一，放置在同一个操作界面,因此富怡服装 CAD 只有两个系统的操作界面:一是服装设计与放码系统(DGS),二是服装排料系统(GMS),如图 1-8 所示。服装设计与放码系统能实现服装款式结构设计、纸样处理与放码推版在同一个操作界面的功能,在调取纸样和对比调整等方面更加便利;服装排料系统能将设计与放码系统的纸样导入并实现手动、全自动、人机交互排料等功能。

图 1-8 服装设计与放码系统、服装排料系统桌面图标

3. 富怡服装 CAD 操作界面、术语及快捷键

(1) 操作界面。

①服装设计与放码系统操作界面,如图 1-9 所示。

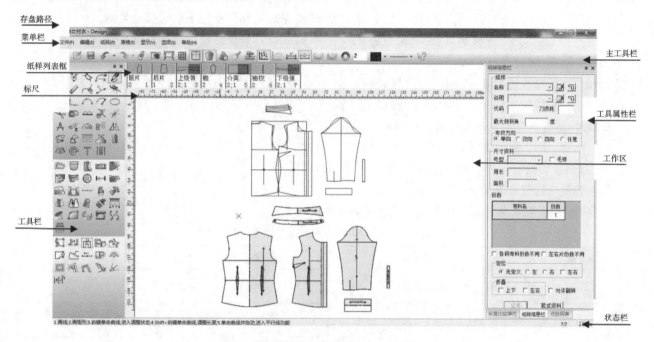

图 1-9 富怡服装设计与放码系统操作界面

②服装排料系统操作界面,如图 1-10 所示。

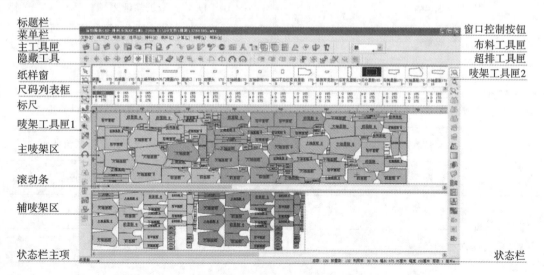

图 1-10 富怡服装排料系统操作界面

(2) 操作术语。

点(按):表示鼠标指针指向一个想要选择的对象,然后快速按下并释放鼠标左键。

单击:没有特意说用右键时,都是指左键。

单击左键:是指按下鼠标的左键并且在还没有移动鼠标的情况下放开左键。

单击右键:是指按下鼠标的右键并且在还没有移动鼠标的情况下放开右键。它还表示某一命令的操作结束。

双击右键:是指在同一位置快速按下鼠标右键两次。

框选:没有特意说用右键时,都是指左键。

左键框选:是指在没有把光标移到点、线图元上时,按下鼠标的左键并且保持按下状态移动鼠标。如果距离线比较近,为了避免变成"左键拖拉",可以在按下鼠标左键前先按下 Ctrl 键。

右键框选:是指在没有把光标移到点、线图元上时,按下鼠标的右键并且保持按下状态移动鼠标。如果距离线比较近,为了避免变成"右键拖拉",可以在按下鼠标右键前先按下 Ctrl 键。

左键拖拉:是指把光标移到点、线图元上后,按下鼠标的左键并且保持按下状态移动鼠标。

右键拖拉:是指把光标移到点、线图元上后,按下鼠标的右键并且保持按下状态移动鼠标。

F1~F12:指键盘上方的 12 个按键。

Ctrl+Z:指先按住 Ctrl 键不松开,再按 Z 键。

Ctrl+F12:指先按住 Ctrl 键不松开,再按 F12 键。

Esc 键:指键盘左上角的 Esc 键。

Delete 键:指键盘上的 Delete 键。

箭头键:指键盘右下方的四个方向键(上、下、左、右)。

(3) 键盘快捷键及其功能。

①富怡 CAD 设计与放码系统的键盘快捷键,如表 1-1 所示。

表 1-1　富怡服装 CAD 设计与放码系统的键盘快捷键

快捷键	功能与图标	快捷键	功能与图标
A	修改	Ctrl+A	档案另存为
B	等距相交平行线	Ctrl+B	旋转复制
C	圆规	Ctrl+C	复制选中纸样到剪贴板
D	等分规	Ctrl+D	删除纸样
E	橡皮擦	Ctrl+E	规格表
F	智能笔	Ctrl+F	显示/隐藏放码点
G	成组复制/移动	Ctrl+G	清除选中纸样放码量
J	移动旋转复制(对接)	Ctrl+J	颜色填充或不填充纸样
K	对称粘贴/对称移动	Ctrl+K	显示/隐藏非放码点
L	角度线	Ctrl+N	新建
M	对称调整	Ctrl+O	打开
N	合并调整	Ctrl+P	打印
P	加点	Ctrl+R	重新定义布纹线
R	比较长度	Ctrl+S	保存

快捷键	功能与图标	快捷键	功能与图标
S	矩形	Ctrl+V	粘贴剪贴板中的纸样到当前文件
T	靠边	Ctrl+Y	重做
U	按 U 的同时,单击工作区样片,可将纸样放回列表框中	Ctrl+Z	撤销
V	连角	Ctrl	在使用加辅助线工具靠近点时不匹配抓取点
W	剪刀	Esc	关闭活动窗或对话框不做任何选择,取消当前操作
F1	打开系统在线帮助	空格键	使用任何工具时,按住空格键不放,变成放大镜的功能
F2	编辑选定文件或文件夹的名称/显示或隐藏影子纸样	Enter 键	相当于选择"确定"或"接受"按钮/文字编辑的换行操作/按当前选中样点弹出偏移对话框
F3	显示或隐藏两放码点间的长度	Delete 键	光标为智能笔/调整工具时,右键单击线段,把光标放在点/线上,按 Delete 键可删除点/线
F4	仅显示基码/显示全部码	Alt+F4	退出本系统
F5	切换缝份线与净样线的虚线、实线显示	Tab	对话框内移动选择
F7	显示/隐藏缝份线	Shift+C	剪断线
Ctrl+F7	显示/隐藏缝份值	Shift+S	曲线调整
F10	显示/隐藏绘图分页线、纸张大小线	Shift+F8	切换显示上一个或下一个号型
F11	用布纹线工具时,匹配一个码/所有码;用 T 文字工具时,匹配一个码/所有码;用橡皮擦删除辅助线时,匹配一个码/所有码	Shift	用曲线工具时,按住 Shift 可画直线,即可在曲线与折线间转换,也可以转换结构线上的直线点与曲线点
F12	将工作区所有纸样放回纸样窗	←、↑、→、↓	用于上下左右移动工作区
Ctrl+F12	纸样窗全部纸样进入工作区	小键盘+、-	随着光标所在位置放大(+)/缩小(-)

②富怡 CAD 排料系统的键盘快捷键如下。

Ctrl+M:定义唛架。

Ctrl+I:衣片资料。

Alt+1:显示/隐藏主工具匣。

Alt+2：唛架工具匣 1。

Alt+3：唛架工具匣 2。

Alt+4：纸样窗。

Alt+5：尺码列表框。

Alt+0：状态条。

Ctrl+C：将工作区纸样全部放回尺码表中。

Ctrl+F：当前状态与显示整张唛架间切换。

Shift+F：翻转或翻转复制选中纸样。

Shift+R：旋转或旋转复制选中纸样。

Shift+D：彻底删除选中纸样，可根据对话框选择当前或全部尺码。

Delete：移除唛架上所选纸样并放回尺码表中。

8、2、4、6：将唛架上选中纸样向上(8)、向下(2)、向左(4)、向右(6)滑动，直至碰到其他纸样。

5、7、9：可将唛架上选中纸样进行 90°旋转(5)、垂直翻转(7)、水平翻转(9)。

1、3：可将唛架上选中纸样进行顺时针旋转(1)、逆时针旋转(3)。

↑、↓、←、→：可将唛架上选中纸样向上移动(↑)、向下移动(↓)、向左移动(←)、向右移动(→)一个步长，无论纸样是否碰到其他纸样。

双击：双击唛架上选中纸样可将其放回纸样窗内；双击尺码表中某一纸样，可将其放于唛架上。

三、学习任务小结

通过本次任务的学习，同学们认识了服装 CAD 的概念、起源、系统分类与功能，了解了富怡 CAD 的操作界面、术语及快捷键，为后面各软件的操作练习打下了基础。课后，大家可以收集不同款式服装运用富怡 CAD 制版、放码和排料的图片及视频，加深对富怡 CAD 的认知。希望同学们在今后的学习中养成严谨、规范、细致、耐心的专业习惯，并能举一反三。

四、课后作业

收集不同服装运用富怡 CAD 制版、放码及排料的图片，分析富怡 CAD 操作的特点和功能。

学习任务二　富怡 CAD 的基本操作

教学目标

1. 专业能力：能够认识富怡 CAD 各系统的主要工具，并使用相关工具完成指定服装结构制图、样板制作、放码和排料的基本操作。

2. 社会能力：能认知富怡 CAD 基本操作的特点及相较于传统手工打版的优势。

3. 方法能力：培养细心观察、分析思考和总结归纳的能力。

学习目标

1. 知识目标：认知富怡 CAD 各系统的主要工具，包括名称、位置、作用及操作要点，学会分析富怡 CAD 各系统工具的使用特点。

2. 技能目标：能运用富怡 CAD 完成指定服装结构制图、样板制作、放码和排料的基本操作，全过程按步骤、按要求完成。

3. 素质目标：学会收集信息资料，提升整理归纳和团队合作的能力。

教学建议

1. 教师活动：教师通过展示一款服装款式图及平面结构图，引导学生思考如何用富怡服装CAD 完成该款式服装的制图制版、放码和排料，通过示范和指导学生操作，让学生对每一步骤所用的工具的名称、位置、作用及操作要点有所了解。

2. 学生活动：学生通过教师的示范认识富怡 CAD 文件建立、存储等基本操作，通过完成一款简单服装的制图制版、放码、排料全过程 CAD 操作，对富怡 CAD 的操作顺序及相关工具的使用有更深入的了解。

一、学习问题导入

各位同学,大家好!本次课我们学习富怡服装 CAD 的基本操作。通过上一任务的学习,大家对富怡服装 CAD 两个系统的界面有了基本了解,那么这两个系统的操作步骤和要点是什么呢?如何运用这两个系统对各款式服装进行纸样设计、放码和排料?请仔细观察图 1-11 所示的这款西裙,说说它的款式特点和结构制图步骤,想一想用富怡 CAD 哪些工具才能画出这套纸样呢?

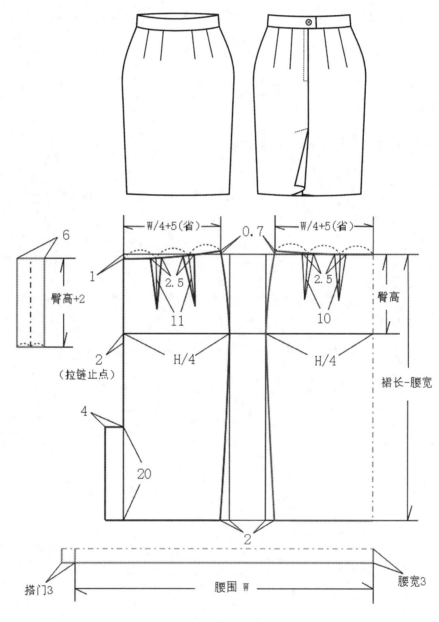

图 1-11　西裙款式图及结构图

二、学习任务讲解

1. 富怡服装 CAD 设计与放码的基本操作

下面我们以图 1-11 为例,通过绘制这款西裙的全套工业样板了解富怡服装 CAD 设计与放码的基本操作,掌握 CAD 操作步骤,认识各个工具的使用方法和要点。

首先在安装了富怡 Richpeace Super V8 或 V10.0 的电脑上找到"设计与放码"的快捷图标 或程序文

件 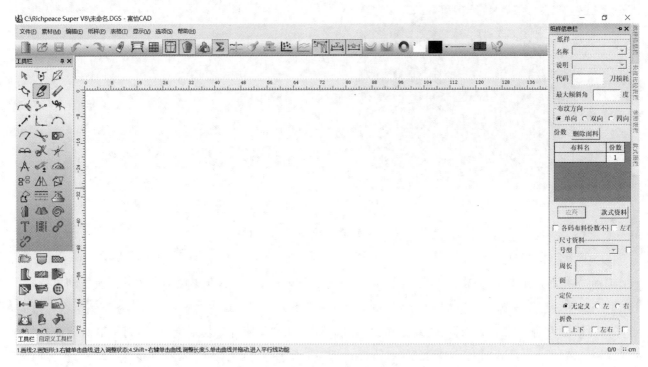 RP-DGS.exe，双击打开此操作界面，如图 1-12 所示。

图 1-12　打开富怡 Super V8 设计与放码系统

单击左上角"文件"，在弹出的列表中单击"另存为"，设置保存路径和文件名，单击"保存"，如图 1-13 所示。在操作过程中要养成定时保存文件的好习惯，可单击保存图标 或快捷键 Ctrl＋S。

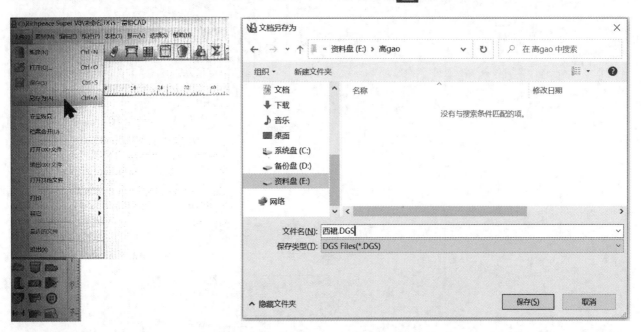

图 1-13　新建并保存一个纸样文件

接着设置规格尺寸，单击菜单栏"表格"，选择"规格表"，或直接在快捷工具栏单击规格表图标 ，在弹出的规格表中输入西裙 M 码规格名称及相应数据，单击"确定"即可。为方便以后调用数据或修改，也可以单击"保存"，在弹出的对话框中输入文件名，设置好该款式规格表的存储路径，单击"保存"即可，如图 1-14 所示。

下面开始绘制本例西裙（款式和平面结构参考图 1-11）。

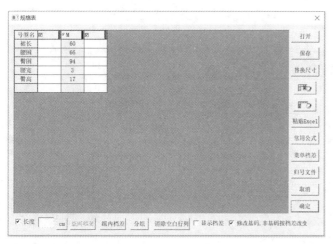
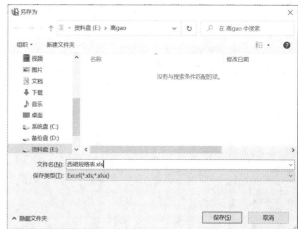

图 1-14 设定规格表并保存尺寸文件

（1）西裙框架制图。

①定西裙后片矩形框：单击选择工具栏中的智能笔图标 ✐，在工作区单击鼠标左键的同时拖动鼠标，可拉出一个矩形框，放开鼠标弹出矩形对话框，单击水平方向标尺 ☐，再单击右上角计算器图标 ▦，在弹出的计算器对话框内输入"臀围/4"即可自动计算出数值，单击"OK"关闭计算器对话框，回到矩形对话框；再单击垂直方向标尺 ☐，输入"裙长－腰宽"的数值，如图 1-15 所示。单击"确定"关闭矩形对话框，工作区内显示已画好的矩形框。

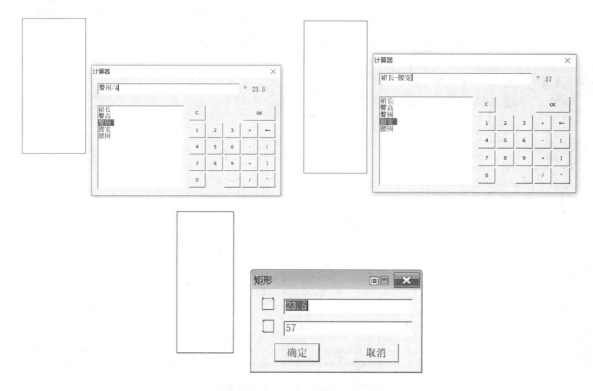

图 1-15 定西裙后片矩形框

②定臀围线：继续用智能笔工具，将光标放在中线最上端，该点变成亮星时将光标顺线略下移，单击左键弹出点位置对话框，单击右上角计算器图标 ▦，在弹出的计算器对话框内双击"臀高"，让规格表对应数据进入计算框内，单击"OK"关闭计算器对话框，单击"确定"关闭点位置对话框。光标向右拉出直线，单击鼠标右键转换为水平垂直线，拉至与右侧边框有交点时单击左键，工作区内即显示已画好的臀围线，如图 1-16所示。

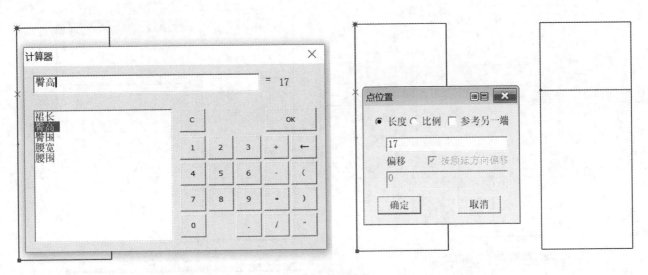

图 1-16　定臀围线

③间隔 10 cm 平行复制出西裙前片框架:选择智能笔 ,单击选中后片框架侧缝辅助线,向右拖出一条平行线,在弹出的平行线对话框中输入水平间隔"10",单击确定。在工具栏中选择成组移动 ,点选或框选要移动的线条,右键确定后可将其拖至指定的平行线所在位置,工作区即显示复制完成的西裙前片框架,如图 1-17 所示。

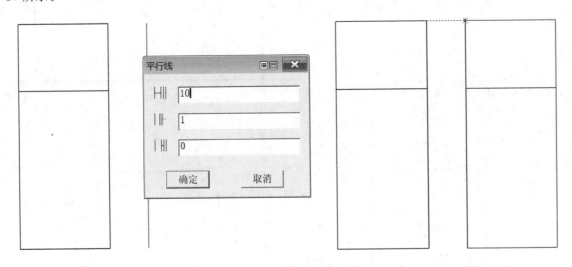

图 1-17　间隔 10 cm 平行复制出西裙前片框架

(2) 西裙轮廓制图。

①定前腰口:选择智能笔 水平线工具,选中前中心线腰口点向左拉出一条水平线,在弹出的对话框内输入"腰围/4+5"定出前腰口大数值,单击"OK"、"确定"即定出腰口大直线距离。继续用智能笔向上画出腰口起翘 0.7,连接起翘点和前中心点成一直线,再用修改工具 将腰口直线调整为略下弯的弧线即可,如图 1-18 所示。

②定前侧缝及下摆:用智能笔单击腰口起翘点、臀侧点及下摆辅助线,在弹出的点位置对话框内输入下摆收量"2",单击"确定",再用修改工具调整侧缝弧线即可,如图 1-19 所示。

③画后片轮廓:按前片方法定出后片腰口大数值"腰围/4+5",再定出腰口起翘量 0.7,用智能笔点击起翘点,拉出直线,再单击后中心线腰口略下的位置,在弹出的点位置对话框内输入 1,作出后片腰口斜线,用修改工具调整成略下弯的形状即可。按前侧缝画法将后侧缝画好。用智能笔画出后中开衩宽 4、长 20 即可,如图 1-20 所示。

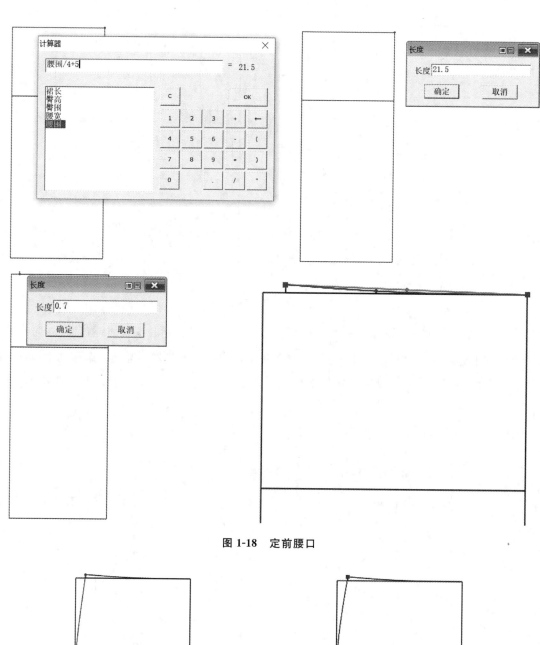

图 1-18　定前腰口

图 1-19　定前侧缝及下摆

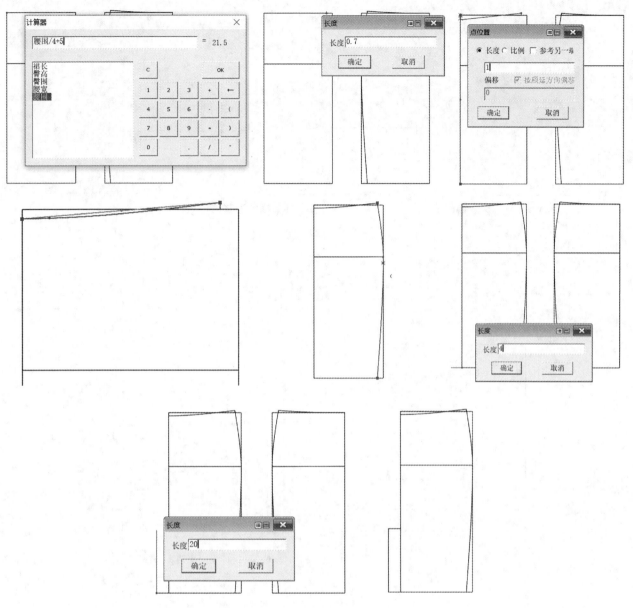

图 1-20 画后片轮廓

④画内部省道：选择等分规 ⟨⟨，在快捷工具栏中的等分数框内输入 3，将鼠标靠近要等分的前腰口弧线，即自动找到等分点。单击右键选择三角板工具 ◺（可自行将常用工具添加到右键工具栏），选中要垂直的一段腰口线，拉出一条垂直于腰口线的直线，定出省长 10，即画出了一个省的中心线，同理画出另一个省的中心线。仍然选择等分规工具，按 Shift 键切换，单击省中心线与腰口线的交点并将鼠标向两边拉开，在弹出的线上两等距对话框中输入省大 2.5 的一半即 1.25，单击确定即可定出省大两个边点，同理画出另外一个省的省大点。最后用智能笔直线连接省大与省尖点即可完成省道绘制。按以上步骤分别画出后片两个省道，后省比前省略长，省大与前省相同，如图 1-21 所示。

⑤画腰头：选择智能笔，拉出长方形直腰头，在弹出的对话框内分别输入腰围＋搭门 3 和腰宽的数值，然后在腰头的一端定出搭门线即可，如图 1-22 所示。

⑥画里襟：选择智能笔，拉出长方形里襟，在弹出的对话框内分别输入腰宽和臀高＋2 的数值即可，如图 1-23 所示。

⑦外轮廓线加粗、改颜色：单击快捷工具栏中的线颜色工具 ■·，选中前裙片轮廓要显示的玫红色，再单击快捷工具栏中的线类型工具 ——·，选中粗实线 ——— 图标，然后在工具栏中选择设置线类型和颜色 ▤，逐一单击工作区西裙前片外轮廓线即可按设置好的线型和颜色显示，点左键是改变线型，点右键是改

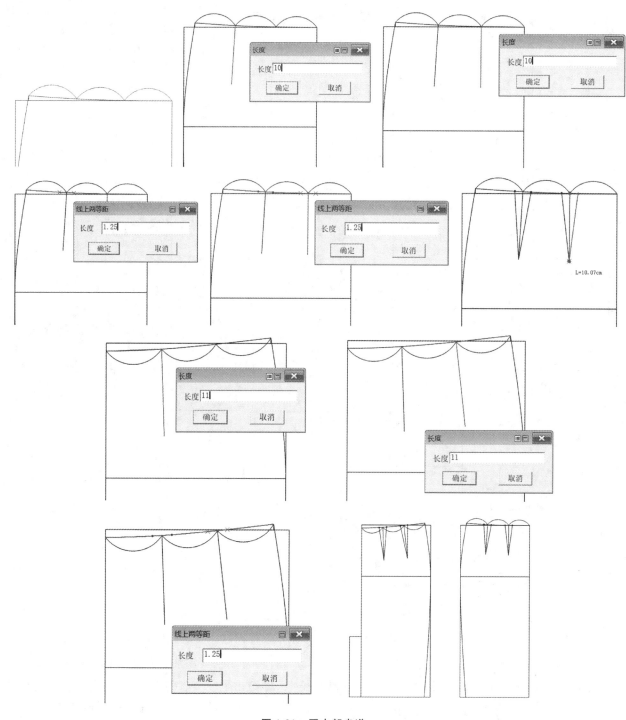

图 1-21　画内部省道

变颜色。如果轮廓线与其他结构线连在一起,可先用剪断线工具 ✂ 将其剪断独立出来,再更改线型和颜色。前中线线型调整为点画线 ——·——·——·。后片轮廓线加粗并显示为深蓝色,腰头轮廓线加粗并显示为绿色,里襟轮廓线加粗并显示为浅蓝色,如图 1-24 所示。

（3）西裙纸样制作。

①按外轮廓和省道剪出纸样:选择剪刀工具 ✂,按顺时针或逆时针用左键单击前片各条轮廓线成一封闭轮廓,再继续左键单击每个省的中心线,然后单击右键即结束操作剪出前片纸样,在纸样列表框内马上会显示出一个纸样。剪出的纸样默认显示水平方向布纹线以及 1 cm 缝份虚线,可以在菜单栏—选项—系统设置里调整默认显示的项目。要更改工作视窗内或纸样列表框内衣片填充的颜色,可以单击快捷工具栏颜色设置图标 ◉,在弹出的系统设置对话框内按需要选定颜色。按同样的步骤分别剪出后片、腰头、里襟纸样,

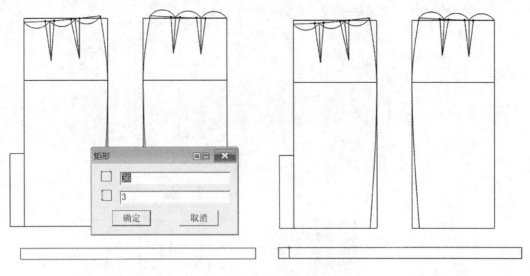

图 1-22　画腰头

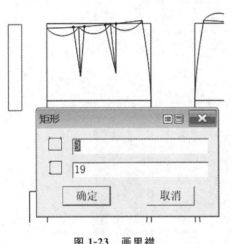

图 1-23　画里襟

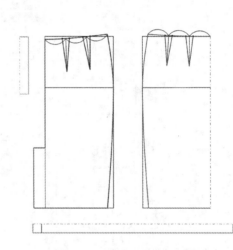

图 1-24　外轮廓线加粗、改颜色

这样纸样列表框内会显示四个剪好的纸样。选择移动纸样工具 🖐，单击选中的纸样可把其拖到工作区任意空白处摆放，便于清楚查看纸样的外观。选择 V 形省工具 📐，选中要在纸样上加省的轮廓线，按右键结束，再点选省的中心线或省在轮廓线上的中心点拖出省中心线，在弹出的 V 形省对话框内输入省大、省长，单击确定即在剪出的纸样上加入了一个省道，可调整省合并圆顺度，单击右键结束。光标靠近省道发亮时单击右键会再次出现 V 形省对话框，可更改省的数值及钻孔、剪口等属性。同理做出其他省道，如图 1-25 所示。

　　②定布纹线：打开菜单栏—选项—系统设置—布纹线，可自行确定默认显示的布纹线方向、大小及布纹线上下显示的纸样资料。选择布纹线工具 🐷，光标靠近要调整的布纹线使之发亮，单击右键，每点一次布纹线顺时针旋转 45 度，将每个纸样上的布纹线调整至合理方向即可，如图 1-26 所示。

　　③定缝份：打开菜单栏—选项—系统设置—缺省，可更改默认缝份大小及显示与否等属性。本款式西裙前片、腰头和里襟连裁，选择纸样对称工具 🖼，光标靠近对称轴单击左键即可完成各连裁纸样对称复制。选择缝份工具 👝，光标靠近要修改缝份的轮廓线或按顺时针方向单击要修改缝份的线段头尾两单击点，选中线段后单击左键，在弹出的缝份对话框中输入新缝份的数值，选择起点和终点的缝份折转类型，单击确定即可。本例为无里后中明拉链西裙，前片、后片下摆折边放缝 4 cm，后中缝放缝 2 cm，右后片在开衩口折边放缝 5 cm，其余部位放缝 1 cm。左右后片只是衩口放缝不同，可选中原后片纸样复制（Ctrl＋C）、粘贴（Ctrl＋V）出一个同样的后片纸样，再用水平垂直工具 🔄 将新后片纸样垂直翻转获得一个反方向后片纸样，最后修改衩口缝份即可，如图 1-27 所示。

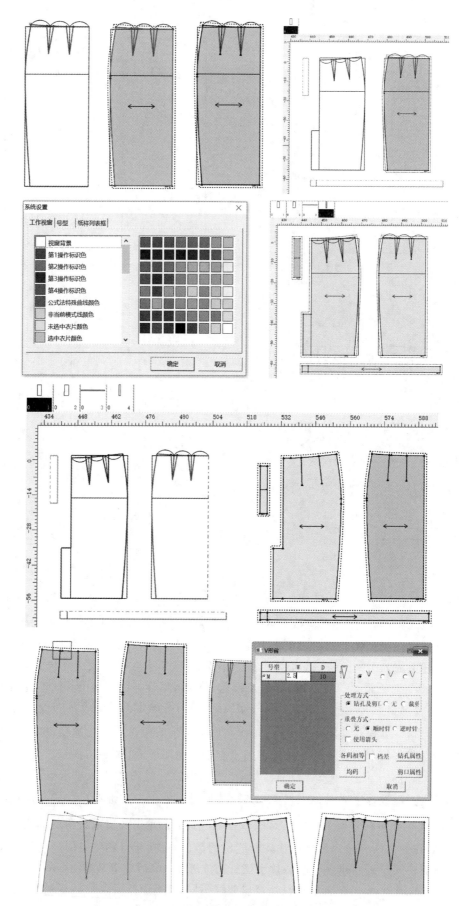

图 1-25　按外轮廓剪出纸样、调整颜色、添加省道

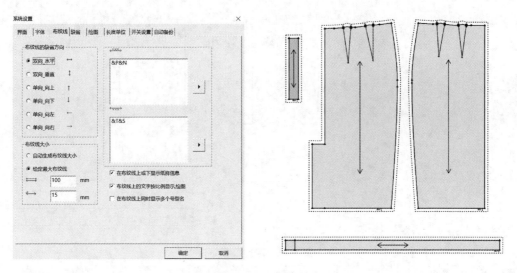

图 1-26　定布纹线

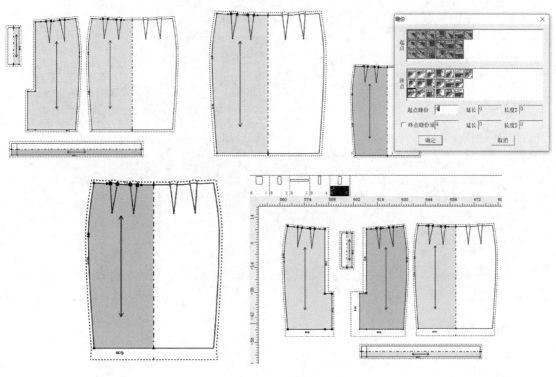

图 1-27　定缝份

④定剪口标记:打开菜单栏—选项—系统设置—缺省,可更改默认的剪口类型、位置等。选择剪口工具 ,可在选中纸样上另外生成新剪口,单击选中的剪口,拖动剪口方向线,可以改变此剪口的角度,用橡皮擦工具 可删除选中的剪口,如图 1-28 所示。

⑤填写纸样相关资料并显示:打开菜单栏—纸样—款式资料,在款式信息框的款式名中输入"西裙",单击确定。逐一选中纸样列表框的纸样,点开纸样信息栏,输入该纸样名称,单击"应用",纸样列表框中即可显示该纸样名称,布纹线上下也会按设置显示纸样的相关资料。打开菜单栏—选项—系统设置—字体,可修改所显示文字的字体、样式和高度,如图 1-29 所示。

(4)西裙放码。

①设置号型系列规格表:单击规格表图标 或快捷键 Ctrl+E,在弹出的原 M 码西裙规格表中分别输入西裙 S 码、L 码的各部位规格尺寸数据(输入档差值并单击组内档差可快速填入各码数值),如图 1-30 所示。保存西裙系列规格尺寸文件并单击"确定"退出规格表界面。

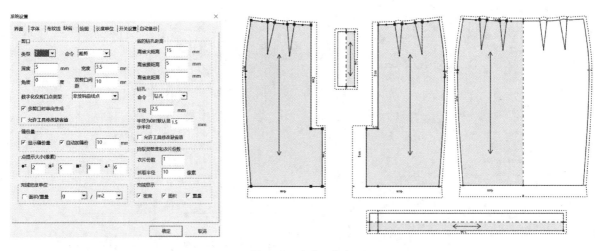

图 1-28　定剪口标记

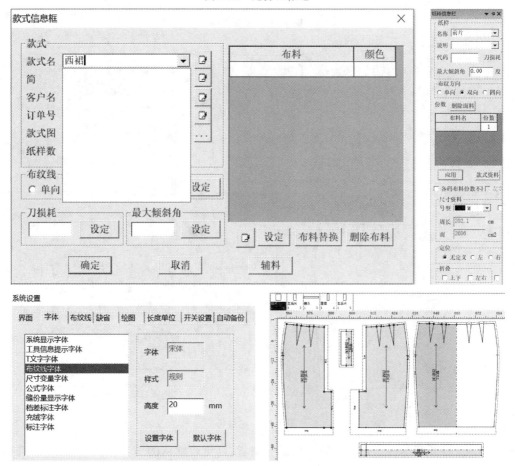

图 1-29　填写纸样相关资料并显示

规格表

号型名 ☑	☑S	☞M	☑L	☑
裙长		58	60	62	
腰围		62	66	70	
臀围		90	94	98	
腰宽		3	3	3	
臀高		16.5	17	17.5	

图 1-30　设置号型系列规格表

②设置各号型纸样显示的颜色:单击颜色设置工具 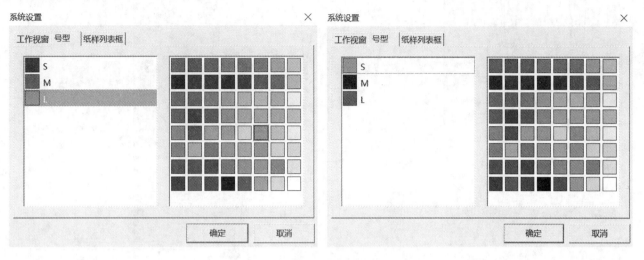（此处省略）,单击"号型",设置各号型纸样需要显示出来的颜色,如图 1-31 所示。

图 1-31　设置各号型纸样显示的颜色

③前片放码:单击快捷工具栏点放码表工具 ,选中前片要放码的前腰口中心点,此放码点即被红色小框包围,在弹出的点放码表对话框内输入 L 码的 dY 放码量 0.5,单击 Y 相等工具 ,即完成了该中心点的放码。继续选中前中心旁边要放码的省大点,在放码表对话框内输入 L 码的 dY 放码量 0.5,单击 Y 相等工具 ,输入 L 码的 dX 放码量 0.33,单击 X 相等工具 ,再单击 X 取反工具 ,完成该省大点放码。由于同一省的省大点和省尖点放码数值相同,因此可通过复制放码量工具 和粘贴 XY 工具 ,完成同一省其他放码点的放码。同理完成前片其他放码点的放码,另一省 dX 和 dY 的放码量分别是 0.67 和 0.5,腰侧点 dX 和 dY 的放码量分别是 1 和 0.5,臀高点 dX 和 dY 的放码量分别是 1 和 0,裙摆侧点 dX 和 dY 的放码量分别是 1 和 1.5,裙摆中心点 dX 和 dY 的放码量分别是 0 和 1.5,如图 1-32 所示。

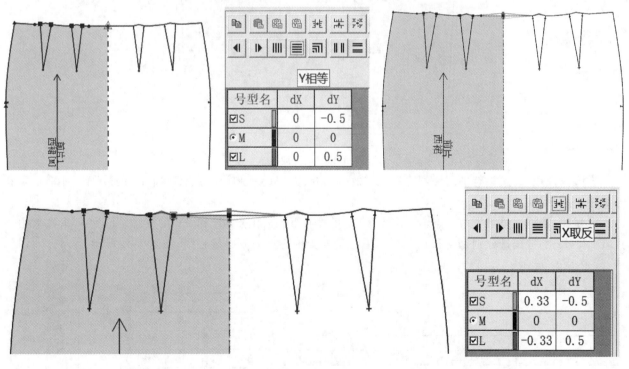

图 1-32　前片放码

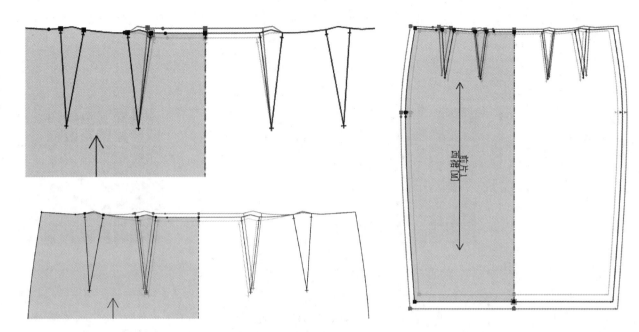

续图 1-32

④后片放码:左后片各放码点的放码量与前片相应点的放码量相同,开衩口各点放码量与裙摆中心点放码量一致。右后片各放码点的放码量与左后片相应点的放码量相同,复制后 X 取反即可,如图 1-33 所示。

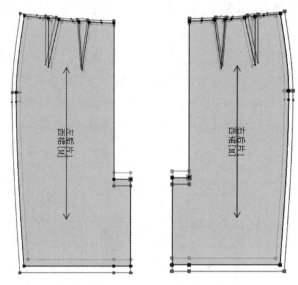

图 1-33　后片放码

⑤腰头放码:以腰头有搭门一侧为基准点放码,腰头无搭门一侧放码点 dX 和 dY 的放码量分别是 4 和 0,如图 1-34 所示。

⑥里襟放码:以里襟下中心点为基准点放码,里襟右下侧放码点 dX 和 dY 的放码量均为 0,里襟上中心点 dX 和 dY 的放码量分别是 0 和 0.5,里襟右上侧与上中心点的放码量相同,如图 1-35 所示。

图 1-34　腰头放码

号型名	dX	dY
☑S	-4	0
⊙M	0	0
☑L	4	0

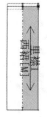

图 1-35　里襟放码

⑦标注放码数值：选择档差标注工具 <img_1 inline>（富怡 Richpeace Super V8 无此工具，富怡 Richpeace CAD（院校版）V10.0 有此工具），显示并检查各放码点的放码数值及方向是否正确，如图 1-36 所示。

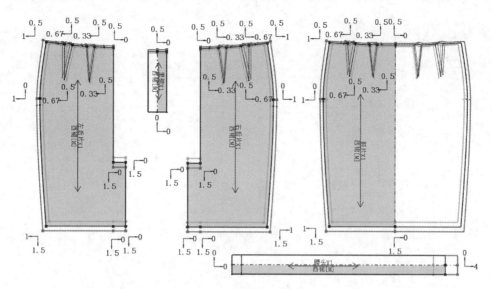

图 1-36　标注放码数值

2. 富怡服装 CAD 排料的基本操作

下面我们以西裙 M 码单件排料为例，进一步了解富怡服装 CAD 排料系统，掌握 CAD 排料的基本操作步骤，认识各个相关工具的使用方法和要点。

（1）打开排料系统界面：在安装了富怡 Richpeace Super V8 或 V10.0 的电脑上找到"排料系统"的快捷图标 或程序文件 RP-GMS.exe，双击打开此操作界面，如图 1-37 所示。

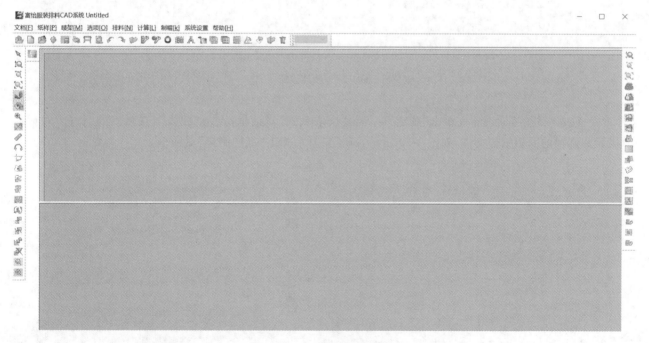

图 1-37　打开排料系统界面

（2）唛架设定：单击菜单栏左上角"文档"—"新建"，弹出"唛架设定"对话框。在唛架说明栏输入"西裙 M 码单件排料"。布料门幅宽度输入"1500"毫米，估算用料为裙长＋20 约等于 800 毫米，唛架长度可略大一些，故输入"1000"毫米。层数 1，料面模式单向，无折转。唛架左右边界指布头布尾，上下边界指两条布边，可根据实际面料情况自行设定，本例均设为 30 毫米，如图 1-38 所示。

唛架设定			✕

唛架说明　　西裙M码单件排料

☐ 选取唛架

☑ 显示唛架

宽度	长度	说明
1000	2000	
1000	2000	
1000	2000	
1000	2000	
1000	2000	

宽度: 1500 毫米　☐ 主唛架　　长度: 1000 毫米

缩放　　　　　　　　　　　　缩放

缩水 0 %　　　　　缩水 0 %

放缩 0 %　　　　　放缩 0 %

宽度 1500 毫米　　　长度 1000 毫米

层数 1　　　　　　纸样面积总计: 0平方毫米

料面模式　　　　折转方式

⦿ 单向　◯ 相对　　☐ 上折转　　☐ 下折转　　☐ 左折转

唛架边界(毫米)　　　　　　判断纸样重叠条件

左边界 30　上边界 30

右边界 30　下边界 30　　　最大重叠量: 0 毫米

确定　　　　　　取消

图 1-38　唛架设定

（3）载入纸样：唛架设定完单击"确定"即弹出"选取款式"对话框，点击"载入"，在弹出的"打开"对话框中找到要排料的西裙纸样文件，如图 1-39 所示，确认打开后弹出"纸样制单"对话框。

图 1-39　载入纸样

（4）纸样制单：核对纸样各项资料，按实际面料输入缩放率，按排料要求确定准备排料的号型及套数，单击"确定"返回"选取款式"对话框，再单击"确定"即可返回排料系统界面，且在纸样窗中显示刚刚载入的纸样，如图 1-40 所示。

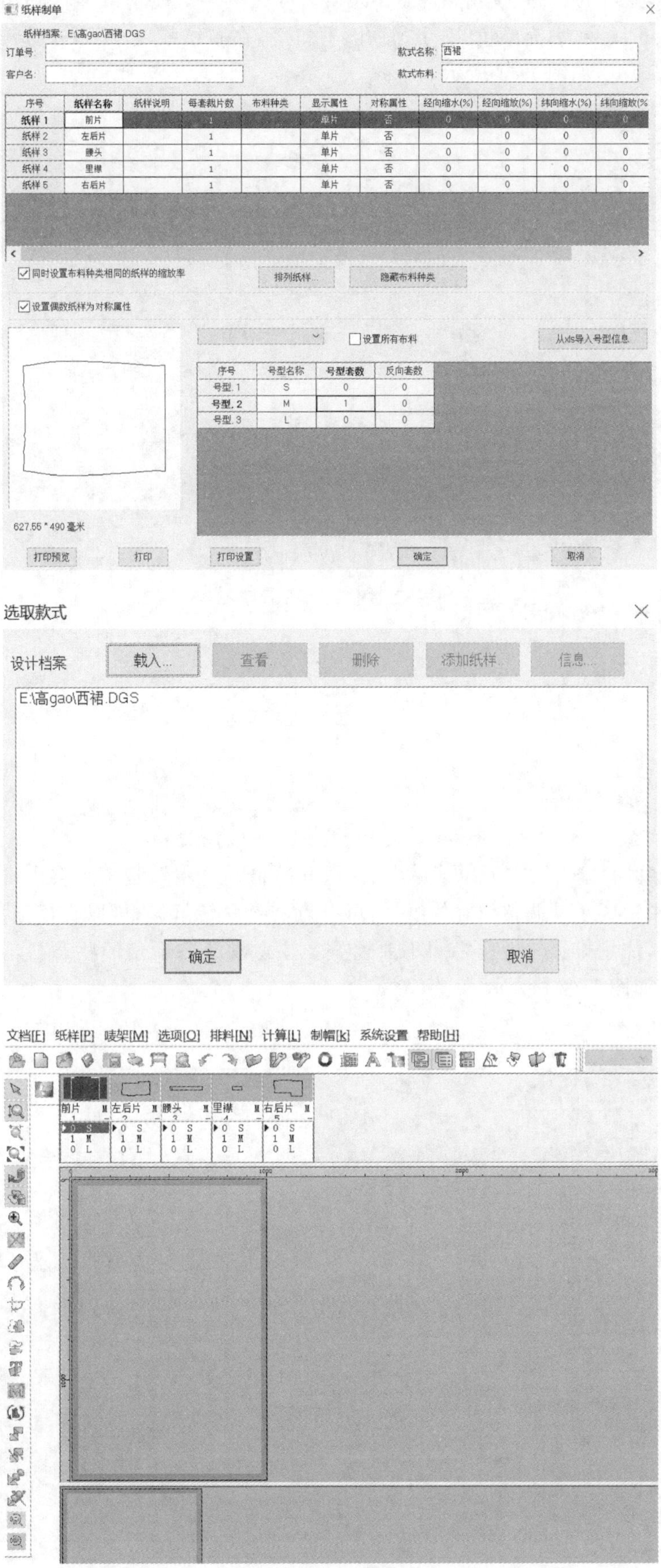

纸样制单

纸样档案：E:\高gao\西裙.DGS

订单号：＿＿＿＿＿＿＿＿＿＿　款式名称：西裙

客户名：＿＿＿＿＿＿＿＿＿＿　款式布料：＿＿＿＿＿＿＿

序号	纸样名称	纸样说明	每套裁片数	布料种类	显示属性	对称属性	经向缩水(%)	经向缩放(%)	纬向缩水(%)	纬向缩放(%)
纸样 1	前片		1		单片	否				
纸样 2	左后片		1		单片	否	0	0	0	0
纸样 3	腰头		1		单片	否	0	0	0	0
纸样 4	里襟		1		单片	否	0	0	0	0
纸样 5	右后片		1		单片	否	0	0	0	0

☑ 同时设置布料种类相同的纸样的缩放率　　　排列纸样　　隐藏布料种类

☑ 设置偶数纸样为对称属性

☐ 设置所有布料　　　　从ds导入号型信息

序号	号型名称	号型套数	反向套数
号型 1	S	0	0
号型 2	M	1	0
号型 3	L	0	0

627.55 * 490 毫米

打印预览　　打印　　打印设置　　　确定　　　取消

选取款式

设计档案　　载入…　　查看　　删除　　添加纸样　　信息…

E:\高gao\西裙.DGS

确定　　　取消

文档[E]　纸样[P]　唛架[M]　选项[O]　排料[N]　计算[L]　制幅[k]　系统设置　帮助[H]

前片　左后片　腰头　里襟　右后片

图 1-40　纸样制单

（5）设定唛架纸样显示的状态：单击菜单栏"选项"—"在唛架上显示纸样"，弹出"显示唛架纸样"对话框，勾选边线、净样线、布纹线、填充颜色、文字、钻孔、剪口等，在布纹线上、下下拉选项中选定分别要显示的内容，最后单击"确定"即可，如图1-41所示。

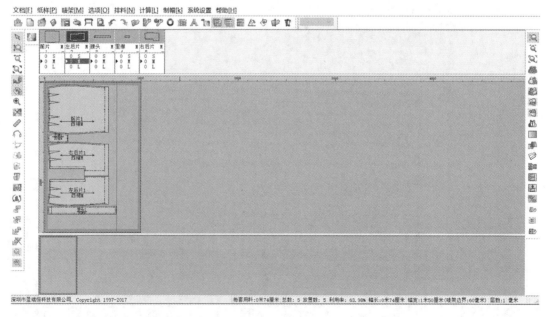

图1-41 设定唛架纸样显示的状态

（6）排料：单击菜单栏"排料"，在下拉菜单中选择"开始自动排料"，唛架上会出现按设置好的方式自动排料的样子。单击选中需要手动调整位置的纸样，可以点右键翻转纸样，可以直接拖动纸样，或者用键盘上的上、下、左、右键移动，注意排料时纸样之间不要重叠。注意观察右下角的状态栏，查看排料相关信息，检查排料是否达到要求，如图1-42所示。

图1-42 排料

（7）保存排料文件：单击菜单栏"文档"—"另存"，弹出"另存唛架文档为"对话框，设置保存路径和排料文件名，单击"保存"即可，如图 1-43 所示。

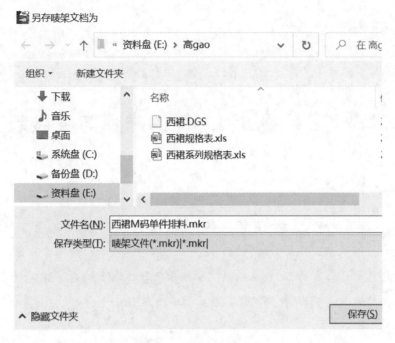

图 1-43　保存排料文件

三、学习任务小结

通过本次任务的学习，同学们已经能用富怡 CAD 软件完成一款简单服装的制图、打版、放码及排料。在两个不同界面的基本操作过程中，涉及具体操作的步骤及不同工具功能的进一步认识，对这些工具只有反复操作和使用才会更加熟识，以达到灵活运用、举一反三的训练目标。

四、课后作业

用富怡 CAD 绘制一款自选小 A 裙的结构图，并完成其全套样板、大中小三码放码及单件中码排料，规格自定。

学习任务三　服装 CAD 的作用与发展趋势

教学目标

1. 专业能力：能够认识服装 CAD 的作用，了解服装 CAD 的现状和发展趋势。
2. 社会能力：能够认知富怡 CAD 在服装及相关领域中的作用和发展方向。
3. 方法能力：培养细心观察、分析思考和总结归纳的能力。

学习目标

1. 知识目标：能认识服装 CAD 的作用，了解服装 CAD 的现状和发展趋势。
2. 技能目标：学会分析服装 CAD 的应用对服装企业各岗位的作用及意义。
3. 素质目标：学会收集信息资料，开阔视野，提升综合能力。

教学建议

1. 教师活动：教师通过展示服装企业不同岗位工作场景的图片，对比传统服装企业和现代服装企业，帮助学生理解服装 CAD 在服装生产中的作用和意义，展望服装 CAD 未来的发展趋势。

2. 学生活动：观察和认识服装企业不同岗位工作场景的图片，思考传统服装企业和现代服装企业的区别，理解服装 CAD 在生产中的作用和意义，认识富怡服装 CAD 的特点及发展方向。

一、学习问题导入

各位同学，大家好！通过前面的学习，同学们认识了富怡服装 CAD 基本操作的步骤及特点，那么服装 CAD 对于企业生产、服装从业人员有什么现实作用呢？服装 CAD 已经出现了数十年，未来会朝着什么方向发展呢？作为服装 CAD 的直接使用者，大家应该有自己的期待。首先请同学们仔细观察图 1-44，思考一下每张图片所展示的是什么场景，它们之间有什么关联？

图 1-44　服装企业工作场景图例

对比传统服装企业和现代服装企业，从设计开发到服装打版推版、排料划样、铺布裁剪，甚至缝合制作等重要生产环节，都发生了较大的改变，这离不开国内外服装 CAD 技术的开发、推广和应用。可以说，服装 CAD 是服装企业实现智能制造的关键一环。

二、学习任务讲解

1. 服装 CAD 的作用

（1）效率高，降低技术难度：手工设计、打版、推版、排料、裁剪、缝制耗时长，导致服装生产周期拉长，而服装 CAD 的应用可以大大缩短设计与加工周期。借助 CAD 系统强大的图形功能，可以快速完成比较耗时的板型修改等工作，如板型拼接、褶裥设计、省道转移、纸样的加长或缩短、褶裥添加或删除等。CAD 系统除具有板型设计功能外，还可根据放码规则进行多号型同时快速放码，CAD 系统进行放码和排料所需要的时间与手工完成所需时间相比大大缩短了。

（2）精度高，降低生产成本：手工绘图精度往往受铅笔粗细、各种量尺精度、设计意图等因素的影响，而服装 CAD 系统操作不受工具或人为因素的影响，可以保证长度和角度的准确性，方便检查服装纸样各部位尺寸。CAD 排料系统在排料的同时能马上计算并显示面料利用率，精确到千分位，从而提高面料利用率，降低生产成本。

（3）功能性强，使用方便灵活：服装 CAD 技术可以和 3D 试衣系统、人体三维扫描仪、数字化仪、绘图仪、纸样切割机、CAM 自动裁床、模板制衣等输入、输出设备灵活结合，融入各个生产环节，操作更方便，实现更多可能性。

（4）节省空间，便于保存调用：手工纸样易受潮和磨损变形，传统工厂须小心存放并设立专门纸样间，多年积存多，查询调用耗时费力。服装 CAD 可实现无纸化管理纸样，让所有纸样成为电子文档，可保存在计算机里，方便随时查询和调用，为企业节省了空间，也降低了管理难度。

（5）扩大对外交流的渠道：如今国内外服装企业 CAD 运用较普遍，服装 CAD 为企业提供了对外交流沟通的渠道，提高了企业对市场的快速反应能力，成为企业参与国际合作和竞争的基础条件与手段。

2. 服装 CAD 的发展趋势

服装 CAD 自诞生以来就备受服装业瞩目，它给服装企业带来的巨大效益是有目共睹的。服装 CAD 通过人机交互手段进行设计，充分发挥人和计算机的特长，借助计算机运算速度快、信息储存量大、记忆能力强、计算可靠性高、能快速反应与显示图形图像等特点，使服装设计和生产的质量与效益大大提高。随着计算机技术和网络技术的迅猛发展，服装 CAD 技术的发展必然会加快，其在服装及相关产业中的运用亦将更加广泛。

纵观国内外服装 CAD 各大品牌与生产商，有的专注软件内部功能提升，有的致力于扩大软件覆盖面，有的致力于软件与外围设备开发结合。深圳市盈瑞恒科技有限公司的"富怡"是国内外强势品牌之一，多年来被服装企业、服装院校和服装技能培训机构广泛使用，直接或间接为社会输送服装 CAD 专业人才，知名度高。从电脑绣花工艺打版 CAD 软件，到服装、针织毛衫、绗缝等多行业、多品类软件产品的开发，富怡的产品越来越多，包括富怡款式设计系统、富怡服装开样（打版）系统、富怡服装放码（推版）系统、富怡服装排料系统、富怡服装 CAD 专用外围设备、富怡服装工艺单系统、富怡服装企业管理软件以及全自动电脑裁床等系列产品，在欧美、东南亚和中东等十多个国家和地区销售，在国内纺织服装企业集中的地区均设有服务网点，是我国服装行业服装数字装备产业（服装 CAD、CAM、CMIS 产品技术和配套设备）的开发商、供应商和服务商。Richpeace 富怡服装 CAD 工艺打版系统面市已有二十多年，是一套应用于纺织服装行业生产的成熟而专业的电脑软件，集纸样设计、放码、排料于一体，可以开样、放码、排料及打印各种比例的纸样图、排料图等，为纺织服装行业提供了方便快捷、灵活高效的生产环境。沿着富怡服装 CAD 的技术发展历程，我们尝试探索一下今后服装 CAD 的发展方向。

（1）多元化趋势：研发生产纺织服装、绣花、毛衫、绗缝、模板缝纫、鞋帽、箱包、家纺、三维人体服装建模等更多元的 CAD 软件，为纺织服装、家纺、汽车内饰、鞋帽箱包、高级定制等柔性材料柔性加工行业用户提供全面、成熟的应用解决方案，如图 1-45 所示。

（2）融合化趋势：将信息化与工业化融合，实现人、机器、设备和网络的互联，让软件嵌入生产制造的各个环节。CAD 软件在服装加工企业的应用，将实现互联网与制造业的链接，使服装企业轻松步入智能工厂，如图 1-46 所示。

（3）精细化趋势：细心关注用户的需求和反馈，精准做好 CAD 软件升级更新，使软件的算法更强大，功能更完善，操作更简便，如图 1-47 所示。

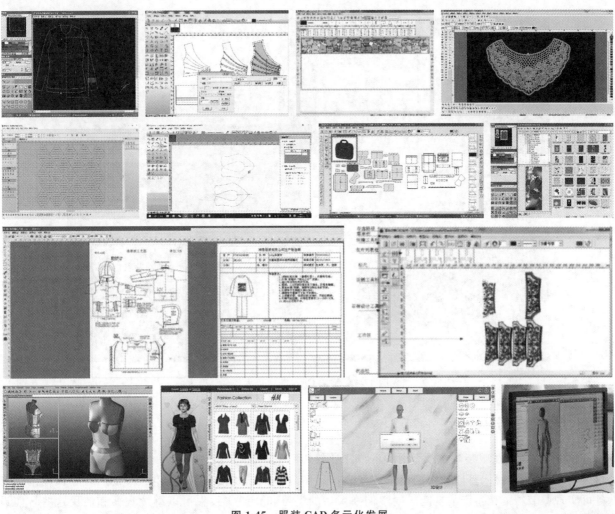

图 1-45　服装 CAD 多元化发展

图 1-46　服装 CAD 融合化发展

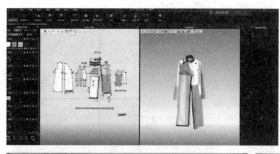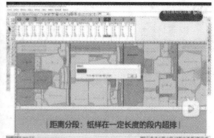
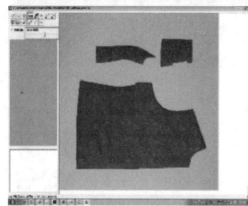

图 1-47　服装 CAD 精细化发展

三、学习任务小结

富怡服装 CAD 在服装院校及企业中的应用比较广泛,能按指定的规格尺寸快速实现打版、放缝、放码、排料等一系列功能,接入打印和切割设备可实现按比例打印出图和裁剪纸样的功能,接入计算机辅助生产设备可实现服装智能化生产的功能。同学们在今后的学习和企业实践中可以继续观察和使用这些智能设备,感受现代服装行业与传统服装行业的不同。

四、课后作业

收集目前与制版工艺相关的服装 CAD 软件及设备图片,写出它们的名称、作用和使用范围。

项目二　富怡 CAD 制版实例

2

学习任务一　服装制版师中级技能款富怡CAD制版

教学目标

1. 专业能力:能够运用富怡CAD对服装进行制版,并熟悉富怡CAD软件工具的使用和操作步骤及要求。

2. 社会能力:熟识富怡CAD对服装企业制版的作用和意义。

3. 方法能力:能运用富怡CAD对服装款式进行结构制图、样板制作及推版。

学习目标

1. 知识目标:熟悉富怡CAD软件工具的使用,以及各种款式的制版过程和要求。

2. 技能目标:能熟练应用富怡CAD完成服装结构制图、样板制作以及推版,并达到质量要求。

3. 素质目标:培养资料收集、整理和归纳能力,团队合作能力。

教学建议

1. 教师活动:教师通过展示富怡CAD制版视频,帮助学生了解富怡CAD制版的过程,激发学生学习富怡CAD制版的热情,并引导学生深入探究富怡CAD制版要领和注意事项,从而能熟练运用富怡CAD进行制版。

2. 学生活动:学生通过观看老师展示的富怡CAD制版视频,建立学习富怡CAD制版的信心,并能通过训练熟练运用富怡CAD进行裙子、裤子、针织衫以及衬衫的制版和推版。

一、学习问题导入

　　各位同学,今天我们开始学习富怡CAD服装制版的相关知识。通过前面项目的学习,大家基本掌握了富怡CAD操作方式,接下来我们要进行服装中级技能款富怡CAD制版的学习。请同学们观察图2-1,你能说出这是哪几类款式的制版图吗?

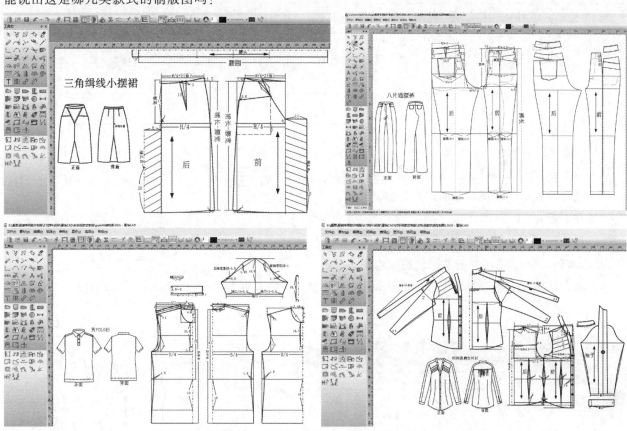

图 2-1　服装款式富怡 CAD 制版图

二、学习任务讲解

1. 裙类款富怡 CAD 制版

(1)按照所提供的款式图(见图 2-2)完成以下操作。

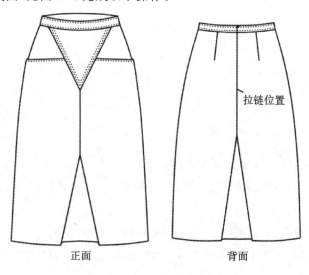

正面　　　　　　　背面

图 2-2　裙类款式图

（2）裙类款规格尺寸表如表 2-1 所示。

表 2-1　裙类款规格尺寸表　　　　　　　　　　　　　　　　　单位：cm

号型	部位				
	裙长	腰围	臀围	臀高	腰宽
155/62A	60	63	87	18.5	3
160/66A	62	67	90	19	3
165/70A	64	71	93	19.5	3
170/74A	66	75	96	20	3

（3）裙类款分析及结构制图。

①依据款式图及规格尺寸进行裙类款分析。

②根据款式进行裙类款基码结构制图。

操作要求：

①根据题目所给服装款式图及规格尺寸表进行产品款式分析，在服装专用制版软件中输入规格尺寸表，标出基码（160/66A），并按基码绘制结构图。

②将产品款式分析及结构图绘制的结果（见图 2-3）保存在考生文件夹中，文件名：FZZBS1-1。

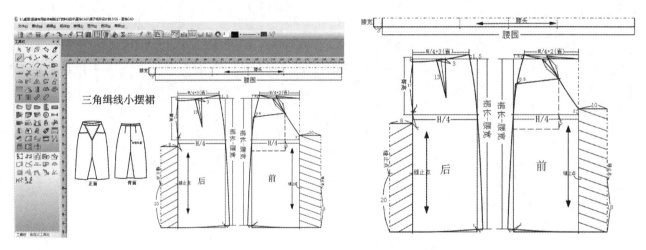

图 2-3　裙类款结构图

（4）裙类款样板制作及样板核验。

①在结构图的基础上进行样板制作。

②样板核验。

操作要求：

①在结构图的基础上拾取基码的全套面布纸样。

②编辑款式资料和纸样资料，包括款式名、码数、纸样名称、份数、布料名、布纹设定等，并设置将资料显示在纸样中布纹线上下。

③给纸样加上合理的缝份、剪口、钻孔、眼位等标记并调整其布纹线。

④将基础样板制作的结果（见图 2-4）保存在考生文件夹中，文件名：FZZBS1-2。

（5）裙类款系列样板制作。

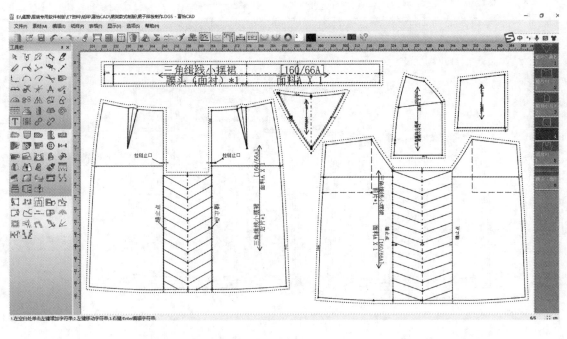

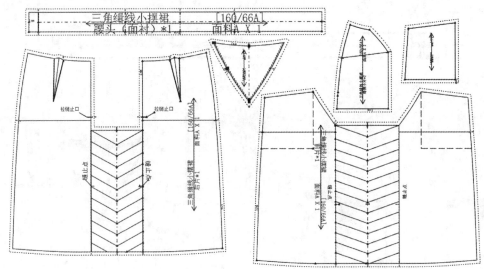

图 2-4　裙类款样板制作

操作要求：

①根据题目所给服装款式图及规格尺寸表,在服装专用制版软件中进行号型编辑,显示的颜色分别为：155/62A 红色,160/66A 黑色,165/70A 绿色,170/74A 蓝色。

②使用点放码方法给所绘制的所有纸样放码。

③显示放码网状图,并标注出各放码点的 XY 放缩码量。

④在系列样板上显示出布纹线及款式名、码数、纸样名称、份数、布料名、缝份、标记等。

⑤将系列样板制作结果(见图 2-5)保存在考生文件夹中,文件名:FZZBS1-3。

(6)裙类拓展款。

请同学们根据图 2-6 所示的裙类拓展款进行富怡 CAD 结构制图、样板制作及推版制作。同学们只有通过不断训练、实践,才能熟练应用专用软件进行纸样设计和生产。

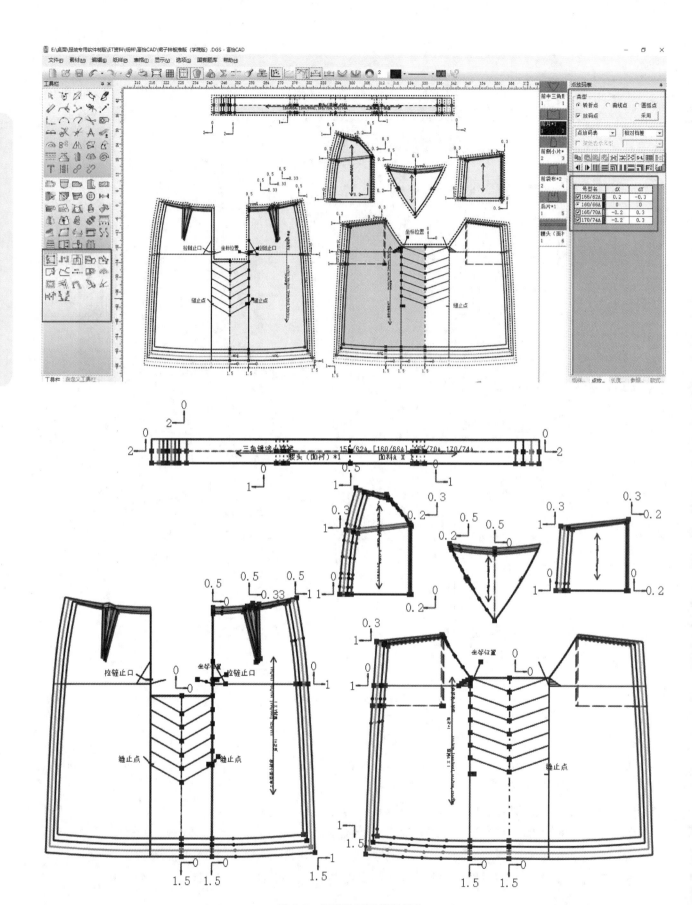

图 2-5　裙类款系列样板制作

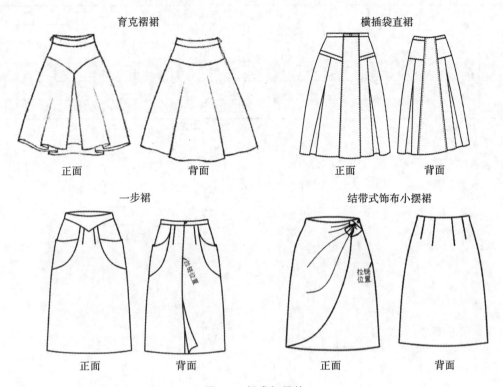

育克褶裙　　　　　　　　横插袋直裙

正面　　　　　　背面　　　　　　正面　　　　　　背面

一步裙　　　　　　　　结带式饰布小摆裙

正面　　　　　　背面　　　　　　正面　　　　　　背面

图 2-6　裙类拓展款

2. 裤类款富怡 CAD 制版

（1）按照所提供的款式图（见图 2-7）完成以下操作。

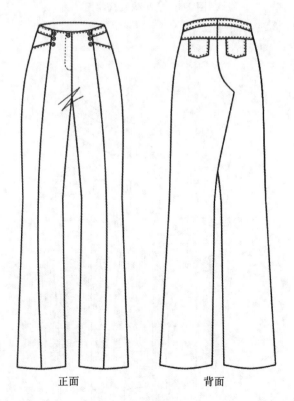

正面　　　　　　　　背面

图 2-7　裤类款式图

（2）裤类款规格尺寸表如表 2-2 所示。

号型	部位						
	裤长	腰围	臀围	直裆长	膝围	腰宽	脚围
155/64A	98	65	88	26	39	4	37
160/68A	100	69	92	26.5	40	4	38
165/72A	102	73	96	27	41	4	40
170/76A	104	77	100	27.5	42	4	41

表 2-2　裤类款规格尺寸表　　　　　　　　单位:cm

（3）裤类款分析及结构制图。

①依据款式图及规格尺寸进行裤类款分析。

②根据款式进行裤类款基码结构制图,如图 2-8 所示。

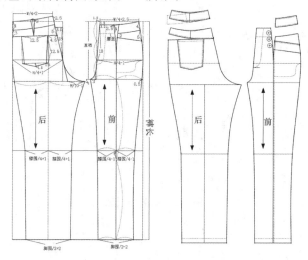

图 2-8　裤类款结构制图

（4）裤类款样板制作及样板核验。

①在结构图的基础上进行样板制作。

②样板核验,如图 2-9 所示。

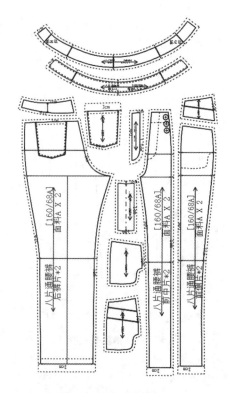

图 2-9　裤类款样板制作

（5）裤类款系列样板制作。

根据题目所给服装款式图及规格尺寸表，在服装专用制版软件中进行号型编辑，显示的颜色分别为：155/64A 红色，160/68A 黑色，165/72A 绿色，170/76A 蓝色，如图 2-10 所示。

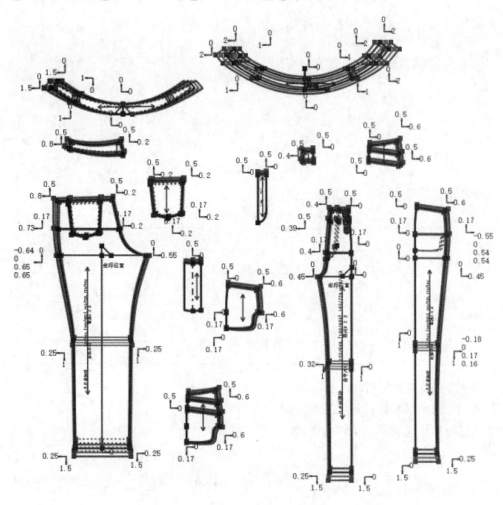

图 2-10　裤类款系列样板制作

（6）裤类拓展款。

请同学根据图 2-11 所示的裤类拓展款进行富怡 CAD 结构制图、样板制作及推版制作。

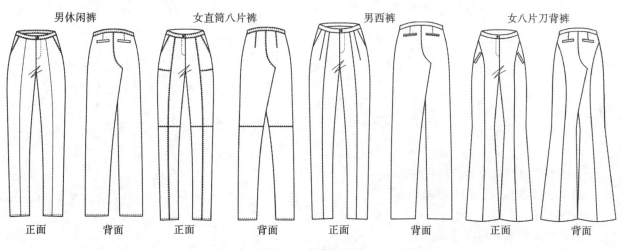

男休闲裤　　　　　　　女直筒八片裤　　　　　　　男西裤　　　　　　　女八片刀背裤

正面　　　　背面　　　　正面　　　　背面　　　　正面　　　　背面　　　　正面　　　　背面

图 2-11　裤类拓展款

3. 针织类款富怡 CAD 制版

(1) 按照所提供的款式图(见图 2-12)完成以下操作。

正面　　　　背面

图 2-12　针织类款式图

(2) 针织类款规格尺寸表如表 2-3 所示。

表 2-3　针织类款规格尺寸表　　　　单位:cm

号型	部位						
	后中长	胸围	肩宽	袖长	袖口	编织领	门筒
165/86A	68	100	44.8	21	35	4.5	15
170/90A	70	104	46	22	36	4.5	15.5
175/94A	72	108	47.2	23	37	4.5	16
180/98A	74	112	48.4	24	38	4.5	16.5

(3) 针织类款分析及结构制图。

①依据款式图及规格尺寸进行针织类款分析。

②根据款式进行针织类款基码结构制图,如图 2-13 所示。

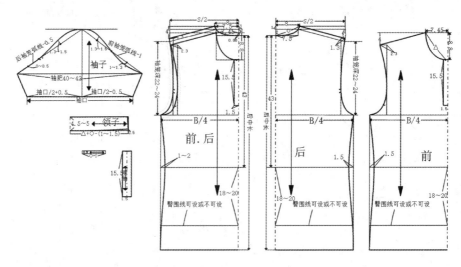

图 2-13　针织类款结构制图

(4) 针织类款样板制作及样板核验。

①在结构图的基础上进行样板制作。

②样板核验,如图 2-14 所示。

(5) 针织类款系列样板制作。

根据题目所给服装款式图及规格尺寸表,在服装专用制版软件中进行号型编辑,显示的颜色分别为:165/86A 红色,170/90A 黑色,175/94A 绿色,180/98A 蓝色,如图 2-15 所示。

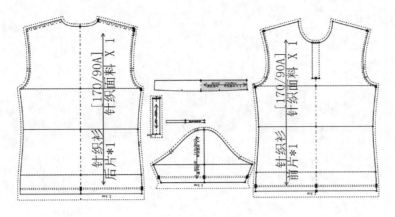

图 2-14　针织类款样板制作

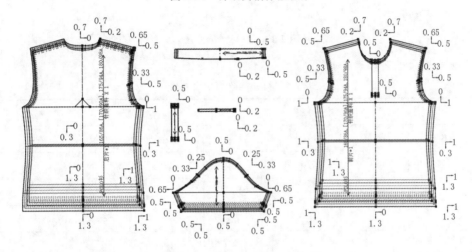

图 2-15　针织类款系列样板制作

（6）针织类拓展款。

请同学根据图 2-16 所示的针织类拓展款进行富怡 CAD 结构制图、样板制作及推版制作。

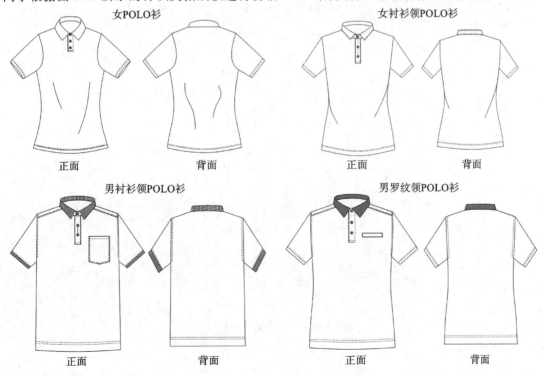

女POLO衫　　　　　　　　　　　　女衬衫领POLO衫

正面　　　　　　背面　　　　　　正面　　　　　　背面

男衬衫领POLO衫　　　　　　　　　男罗纹领POLO衫

正面　　　　　　背面　　　　　　正面　　　　　　背面

图 2-16　针织类拓展款

4. 衬衫类款富怡 CAD 制版

（1）按照所提供的款式图（见图 2-17）完成以下操作。

正面　　　　　　背面

图 2-17　衬衫类款式图

（2）衬衫类款规格尺寸表如表 2-4 所示。

表 2-4　衬衫类款规格尺寸表　　　　　　　　　　单位：cm

号型	部位							
	后中长	胸围	腰围	肩宽	领围	袖长	袖口	袖介英
155/80A	56	88	76	37	37	56.5	17	5
160/84A	58	92	80	38	38	58	18	5
165/88A	60	96	84	39	39	59.5	19	5
170/92A	62	100	88	40	40	61	20	5

（3）衬衫类款分析及结构制图。

①依据款式图及规格尺寸进行衬衫类款分析。

②根据款式进行衬衫类款基码结构制图，如图 2-18 所示。

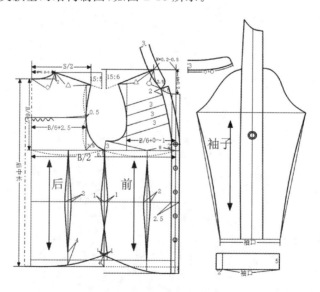

图 2-18　衬衫类款结构制图

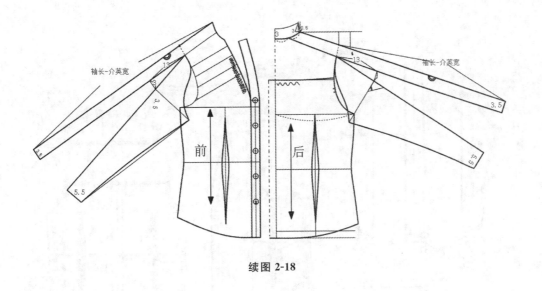

续图 2-18

（4）衬衫类款样板制作及样板核验。

①在结构图的基础上进行样板制作。

②样板核验，如图 2-19 所示。

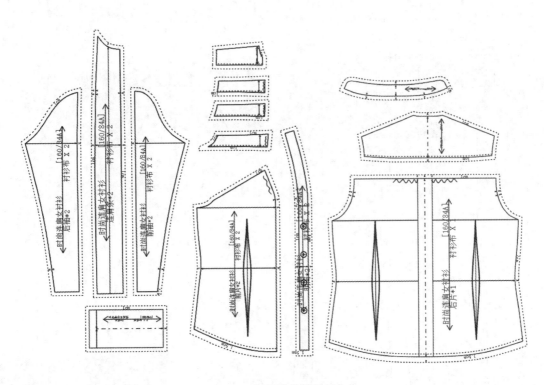

图 2-19　衬衫类款样板制作

（5）衬衫类款系列样板制作。

根据题目所给服装款式图及规格尺寸表，在服装专用制版软件中进行号型编辑，显示的颜色分别为：155/80A 红色，160/84A 黑色，165/88A 绿色，170/92A 蓝色，如图 2-20 所示。

（6）衬衫类拓展款。

请同学根据图 2-21 所示的衬衫类拓展款进行富怡 CAD 结构制图、样板制作及推版制作。

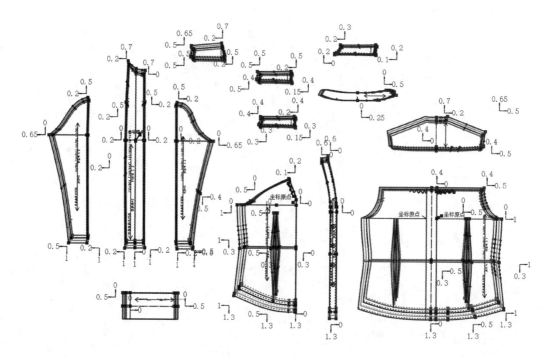

图 2-20　衬衫类款系列样板制作

时尚女衬衫

正面　背面

女休闲衬衫

正面　背面

宽松男衬衫

正面　背面

男休闲衬衫

正面　背面

图 2-21　衬衫类拓展款

三、学习任务小结

各位同学,本次学习任务主要学习了服装中级技能款富怡 CAD 制版的方法和步骤。中级技能款主要有裙类款、裤类款、针织类款以及衬衫类款等,希望大家课后多练习拓展款,为服装制版师中级技能实操打下良好基础。相信通过服装中级技能款富怡 CAD 制版的学习,同学们可以逐渐养成严谨、规范、细致、耐心的专业习惯。

四、课后作业

4 类中级拓展款富怡 CAD 制版练习。

学习任务二　服装制版师高级技能款富怡CAD制版

教学目标

1. 专业能力:能够运用富怡CAD对服装进行制版,并熟悉富怡CAD软件工具的使用和操作步骤及要求。

2. 社会能力:熟识富怡CAD对服装企业制版的作用和意义。

3. 方法能力:能运用富怡CAD对服装款式进行结构制图、样板制作及推版。

学习目标

1. 知识目标:熟悉富怡CAD软件工具的使用,以及各种款式的制版过程和要求。

2. 技能目标:能熟练应用富怡CAD完成服装结构制图、样板制作以及推版,并达到质量要求。

3. 素质目标:培养资料收集、整理和归纳能力,团队合作能力。

教学建议

1. 教师活动:教师通过展示富怡CAD制版视频,帮助学生了解富怡CAD制版的过程,激发学生学习富怡CAD制版的热情,并引导学生深入探究富怡CAD制版要领和注意事项,从而熟练运用富怡CAD进行制版。

2. 学生活动:学生通过观看老师展示的富怡CAD制版视频,建立学习富怡CAD制版的信心,并能通过训练熟练运用富怡CAD进行连衣裙、旗袍、时尚女外套以及夹克衫的制版和推版。

一、学习问题导入

各位同学,今天我们继续学习富怡 CAD 服装制版的相关知识。通过前面任务的学习,大家基本掌握了运用富怡 CAD 完成服装中级技能款制版的方法,接下来我们要进行服装高级技能款富怡 CAD 制版学习。请同学们观察图 2-22,说出其制版特点。

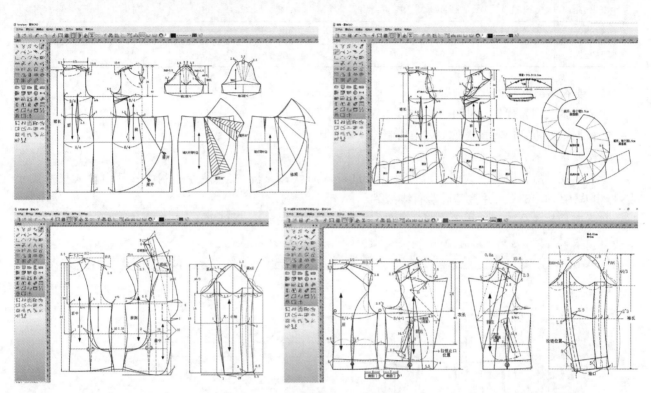

图 2-22　服装款式富怡 CAD 制版图

二、学习任务讲解

1. 连衣裙类款富怡 CAD 制版

（1）按照所提供的款式图（见图 2-23）完成以下操作。

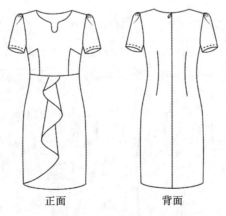

正面　　　　背面

图 2-23　连衣裙类款式图

（2）连衣裙类款规格尺寸表如表 2-5 所示。

表 2-5　连衣裙类款规格尺寸表　　　　　　　　　　　　单位：cm

号型	部位						
	裙长	胸围	腰围	臀围	肩宽	袖长	袖口宽
155/80A	92	86	88	90	37	18	13
160/84A	94	90	72	94	38	19	14
165/88A	96	94	76	98	39	20	15
170/92A	98	98	80	102	40	21	16

（3）连衣裙类款分析及结构制图。

①依据款式图及规格尺寸进行连衣裙类款分析。

②根据款式进行连衣裙类款基码结构制图。

操作要求：

①根据题目所给服装款式图及规格尺寸表进行产品款式分析，在服装专用制版软件中输入规格尺寸表，标出基码（160/84A），并按基码绘制结构图。

②将产品款式分析及结构图绘制的结果（见图 2-24）保存在考生文件夹中，文件名：FZZBS1-1。

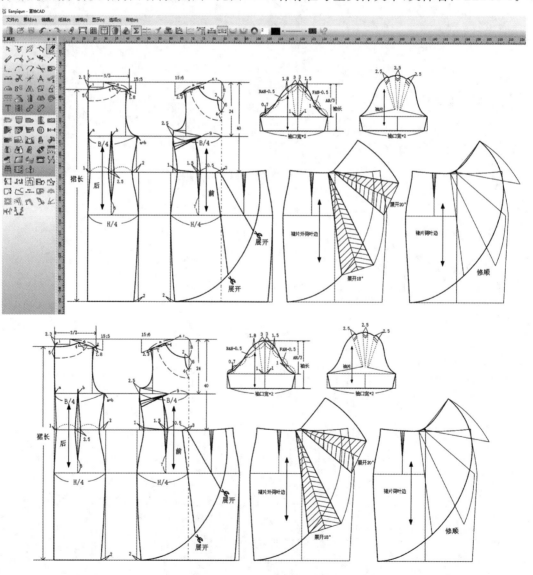

图 2-24　连衣裙类款结构图

（4）连衣裙类款样板制作及样板核验。

①在结构图的基础上进行样板制作。

②样板核验。

操作要求：

①在结构图的基础上拾取基码的全套面布纸样。

②编辑款式资料和纸样资料，包括款式名、码数、纸样名称、份数、布料名、布纹设定等，并设置将资料显示在纸样中布纹线上下。

③给纸样加上合理的缝份、剪口、钻孔、眼位等标记并调整其布纹线。

④将基础样板制作的结果（见图 2-25）保存在考生文件夹中，文件名：FZZBS1-2。

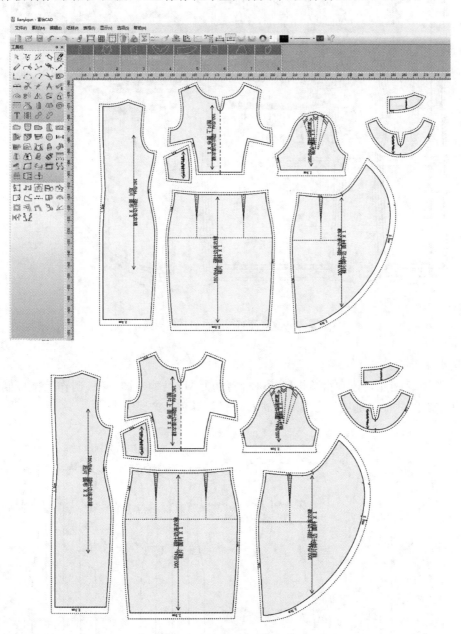

图 2-25 连衣裙类款样板制作

（5）连衣裙类款系列样板制作。

操作要求：

①根据题目所给服装款式图及规格尺寸表，在服装专用制版软件中进行号型编辑，显示的颜色分别为：155/80A 红色，160/84A 黑色，165/88A 绿色，170/92A 蓝色。

②使用点放码方法给所绘制的所有纸样放码。

③显示放码网状图,并标注出各放码点的 XY 放缩码量。

④在系列样板上显示出布纹线及款式名、码数、纸样名称、份数、布料名、缝份、标记等。

⑤将系列样板制作结果(见图 2-26)保存在考生文件夹中,文件名:FZZBS1-3。

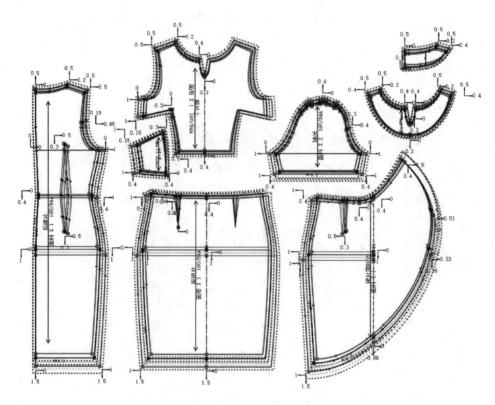

图 2-26 连衣裙类款系列样板制作

(6) 连衣裙类拓展款。

请同学根据图 2-27 所示的连衣裙类拓展款进行富怡 CAD 结构制图、样板制作及推版制作。同学们只有通过不断训练、实践,才能熟练应用专用软件进行纸样设计和生产。

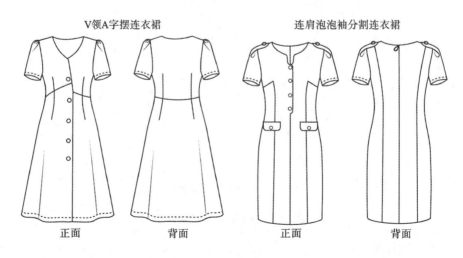

图 2-27 连衣裙类拓展款

荷叶袖连衣裙 斜向垂褶连衣裙

正面　　　背面　　　　　　正面　　　背面

续图 2-27

2. 旗袍类款富怡 CAD 制版

(1) 按照所提供的款式图(见图 2-28)完成以下操作。

正面　　　背面

图 2-28　旗袍类款式图

(2) 旗袍类款规格尺寸表如表 2-6 所示。

单位:cm

表 2-6　旗袍类款规格尺寸表

号型	部位					
	裙长	胸围	腰围	臀围	肩宽	领宽
155/80A	90	86	70	94	39	3.5
160/84A	92	90	74	98	40	3.5
165/88A	94	94	78	102	41	3.5
170/92A	96	98	82	106	42	3.5

(3) 旗袍类款分析及结构制图。

①依据款式图及规格尺寸进行旗袍类款分析。

②根据款式进行旗袍类款基码结构制图,如图 2-29 所示。

(4) 旗袍类款样板制作及样板核验。

①在结构图的基础上进行样板制作。

②样板核验,如图 2-30 所示。

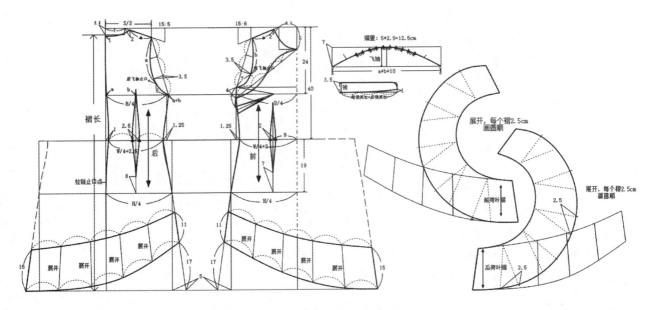

图 2-29　旗袍类款结构制图

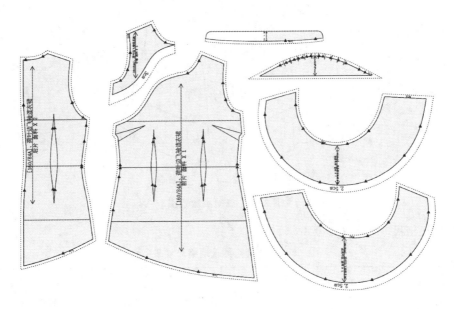

图 2-30　旗袍类款样板制作

（5）旗袍类款系列样板制作。

根据题目所给服装款式图及规格尺寸表,在服装专用制版软件中进行号型编辑,显示的颜色分别为:155/80A 红色,160/84A 黑色,165/88A 绿色,170/92A 蓝色,如图 2-31 所示。

（6）旗袍类拓展款。

请同学根据图 2-32 所示的旗袍类拓展款进行富怡 CAD 结构制图、样板制作及推版制作。

3. 时尚外套类款富怡 CAD 制版

（1）按照所提供的款式图（见图 2-33）完成以下操作。

（2）时尚外套类款规格尺寸表如表 2-7 所示。

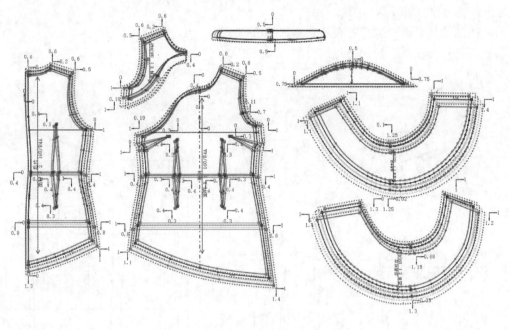

图 2-31 旗袍类款系列样板制作

| 旗袍款式图 | 连领旗袍款式图 | 育克旗袍款式图 | 灯笼袖旗袍款式图 |

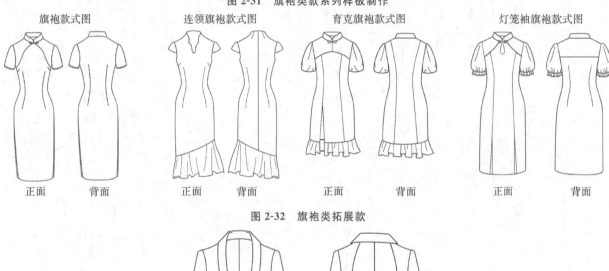

正面　背面　　正面　背面　　正面　背面　　正面　背面

图 2-32 旗袍类拓展款

正面　　　　　　背面

图 2-33 时尚外套类款式图

表 2-7 时尚外套类款规格尺寸表

单位：cm

号型	部位					
	后中长	胸围	腰围	肩宽	袖长	袖口
155/80A	56	88	76	37	59	25
160/84A	58	92	80	38	60	26
165/88A	60	96	84	39	61	27
170/92A	62	100	88	40	62	28

（3）时尚外套类款分析及结构制图。

①依据款式图及规格尺寸进行时尚外套类款分析。

②根据款式进行时尚外套类款基码结构制图，如图2-34所示。

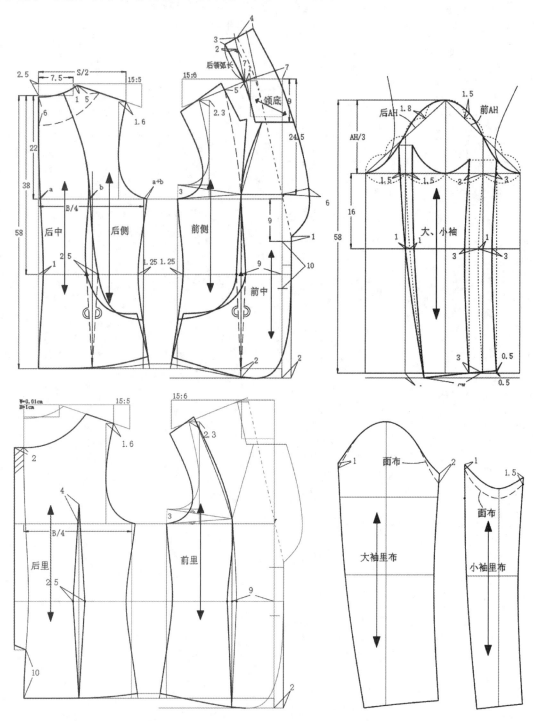

图2-34 时尚外套类款结构制图

（4）时尚外套类款样板制作及样板核验。

①在结构图的基础上进行样板制作。

②样板核验，如图2-35所示。

（5）时尚外套类款系列样板制作。

根据题目所给服装款式图及规格尺寸表，在服装专用制版软件中进行号型编辑，显示的颜色分别为：155/80A红色，160/84A黑色，165/88A绿色，170/92A蓝色，如图2-36所示。

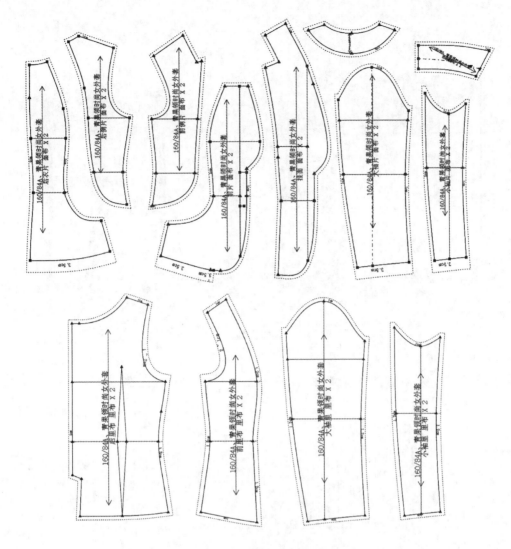

图 2-35 时尚外套类款样板制作

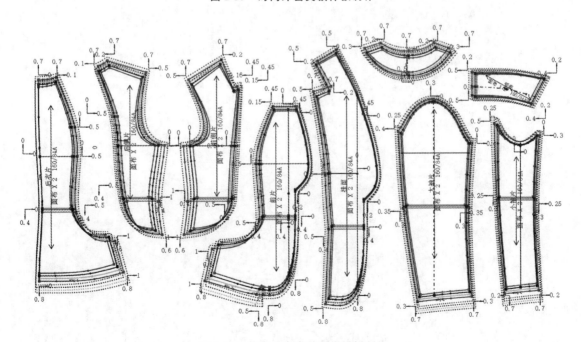

图 2-36 时尚外套类款系列样板制作

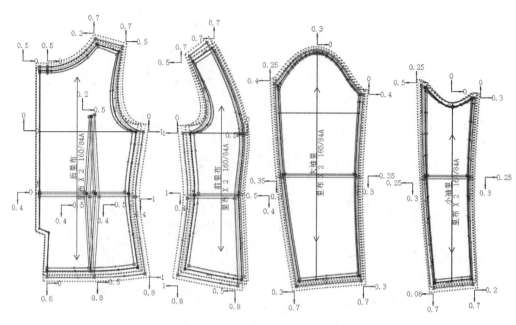

续图 2-36

（6）时尚外套类拓展款。

请同学根据图 2-37 所示的时尚外套类拓展款进行富怡 CAD 结构制图、样板制作及推版制作。

| 正面 | 背面 | 正面 | 背面 |

| 正面 | 背面 | 正面 | 背面 |

图 2-37　时尚外套类拓展款

4. 夹克类款富怡 CAD 制版

（1）按照所提供的款式图（见图 2-38）完成以下操作。

| 正面 | 背面 |

图 2-38　夹克类款式图

（2）夹克类款规格尺寸表如表2-8所示。

表2-8　夹克类款规格尺寸表　　　　　　　　　　　　　　　　　　　单位：cm

号型	部位							
	后中长	胸围	腰围	肩宽	领围	袖长	袖口	袖介英
155/80A	56	88	76	37	37	56.5	12	5
160/84A	58	92	80	38	38	58	12.5	5
165/88A	60	96	84	39	39	59.5	13	5
170/92A	62	100	88	40	40	61	13.5	5

（3）夹克类款分析及结构制图。

①依据款式图及规格尺寸进行夹克类款分析。

②根据款式进行夹克类款基码结构制图，如图2-39所示。

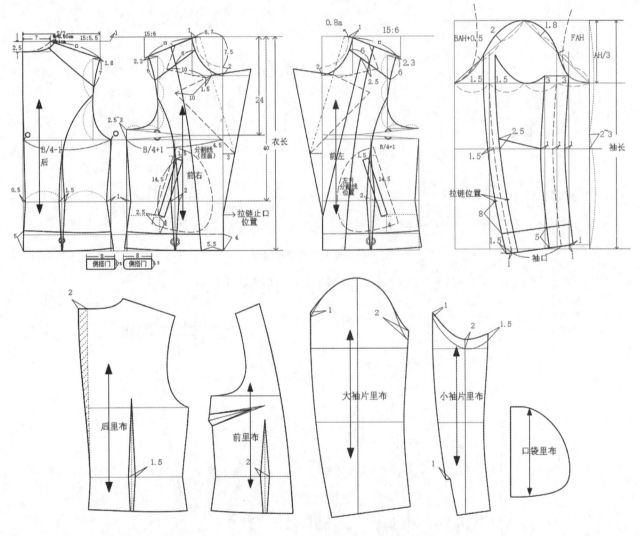

图 2-39　夹克类款结构制图

（4）夹克类款样板制作及样板核验。

①在结构图的基础上进行样板制作。

②样板核验，如图2-40所示。

（5）夹克类款系列样板制作。

根据题目所给服装款式图及规格尺寸表，在服装专用制版软件中进行号型编辑，显示的颜色分别为：

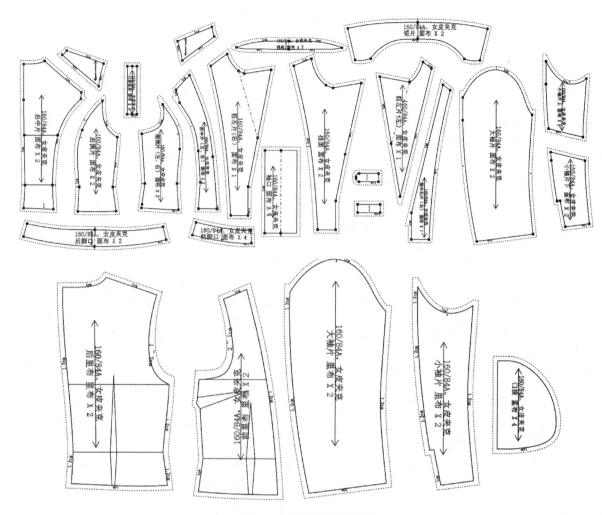

图 2-40　夹克类款样板制作

155/80A 红色,160/84A 黑色,165/88A 绿色,170/92A 蓝色,如图 2-41 所示。

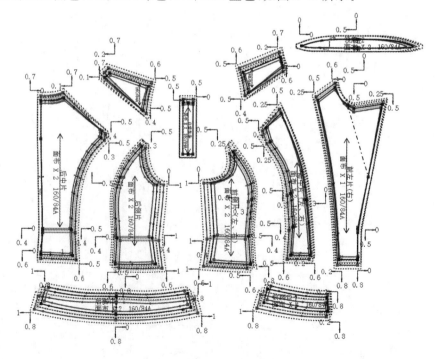

图 2-41　夹克类款系列样板制作

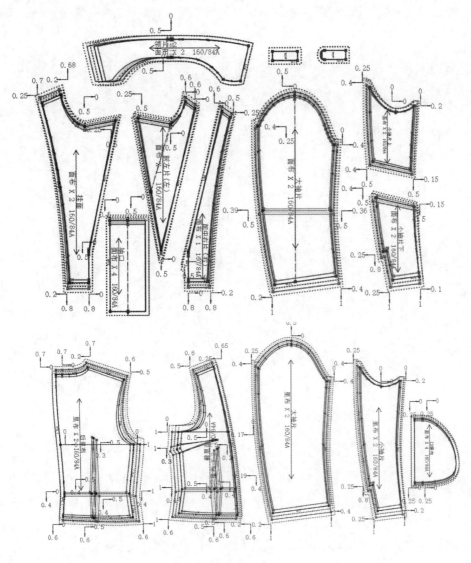

续图 2-41

（6）夹克类拓展款。

请同学根据图 2-42 所示的夹克类拓展款进行富怡 CAD 结构制图、样板制作及推版制作。

贴袋育克夹克		分割式贴袋夹克		拼接雪纺分割休闲夹克	
正面	背面	正面	背面	正面	背面

图 2-42 夹克类拓展款

三、学习任务小结

本次学习任务主要学习了服装高级技能款富怡 CAD 制版的方法和步骤。高级技能款主要有连衣裙类款、旗袍类款、时尚外套类款以及夹克类款等,希望同学们课后多练习拓展款,为服装制版师高级技能实操打下良好基础。相信通过服装高级技能款富怡CAD制版的学习,大家可以养成严谨、规范、细致、耐心的专业习惯。

四、课后作业

4类高级技能拓展款富怡CAD制版练习。

学习任务三　服装技能竞赛款富怡CAD制版

教学目标

1. 专业能力：能够认识和理解服装技能竞赛款的特点以及技能竞赛款富怡CAD制版方法。

2. 社会能力：熟识服装技能竞赛款的作用和意义。

3. 方法能力：培养善于观察和分析、细心思考的能力。

学习目标

1. 知识目标：理解服装技能竞赛款的特点及技能竞赛款富怡CAD制版方法。

2. 技能目标：学会分析服装技能竞赛款的特点和富怡CAD制版方法。

3. 素质目标：学会收集信息资料，开阔视野，提升审美能力。

教学建议

1. 教师活动：教师通过展示历年来服装技能竞赛款富怡CAD制版图片，帮助学生认识技能竞赛款的特点及富怡CAD制版方法，引导学生深入思考服装技能竞赛款制版方法，帮助学生理解服装技能竞赛款的意义。

2. 学生活动：认识服装技能竞赛款的特点以及技能竞赛款富怡CAD制版方法，通过富怡CAD对技能竞赛款进行制版。

一、学习问题导入

各位同学,大家好!今天我们开始学习服装技能竞赛款的特点及富怡 CAD 结构设计、样板制作、推版方法等。通过前面任务的学习,大家基本掌握了富怡 CAD 操作特点及应用方法,但不知道大家对服装技能竞赛款的制版方法掌握了多少知识要点。此时,我相信大家迫切想了解服装技能竞赛款的特点及制版方法。请同学们仔细阅读图 2-43,你能根据下面的款式图,应用富怡 CAD 软件完成它的结构设计、样板制作、推版等工序吗?

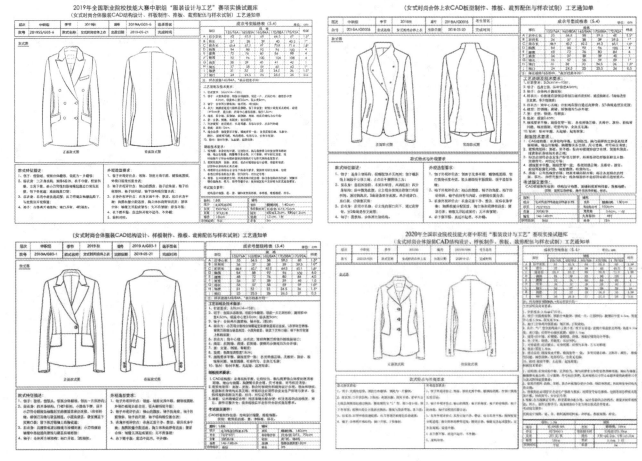

图 2-43　服装技能竞赛工艺单

二、学习任务讲解

服装技能竞赛 CAD 模块主要考查学生应用富怡 CAD 进行结构设计、样板制作、推版等操作的熟练程度。

1. 2018 年全国职业院校技能大赛中职组"服装设计与工艺"赛项实操试题(见图 2-44)

(1) 2018SS/G0004 女式时尚合体上衣款式分析及结构制图。

①依据款式图及规格尺寸进行款式分析;

②根据款式进行 2018SS/G0004 款基码结构制图,如图 2-45 所示。

(2) 2018SS/G0004 女式时尚合体上衣样板制作及样板核验。

①在结构图的基础上进行样板制作;

②样板核验,如图 2-46 所示。

(3) 2018SS/G0004 女式时尚合体上衣系列样板制作。

根据题目所给服装款式图及规格尺寸表,在服装专用制版软件中进行号型编辑,显示码数分别为155/76A、160/80A、165/84A、170/88A、170/92A,如图 2-47 所示。

2018年全国职业院校技能大赛中职组"服装设计与工艺"赛项实操试题库
（女式时尚合体服装CAD结构设计、样板制作、推版、裁剪配伍与样衣试制）工艺通知单

图 2-44　2018SS/G0004 服装技能竞赛工艺单

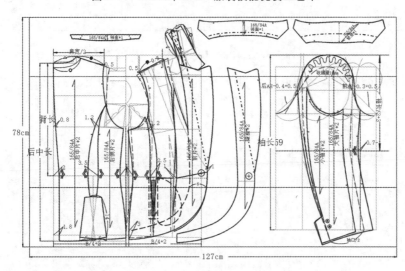

图 2-45　2018SS/G0004 款结构图

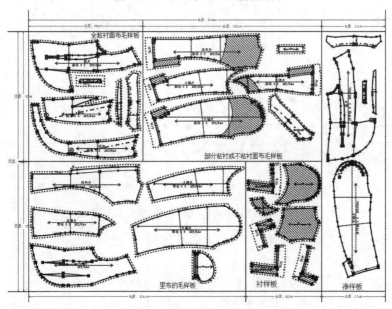

图 2-46　2018SS/G0004 款样板

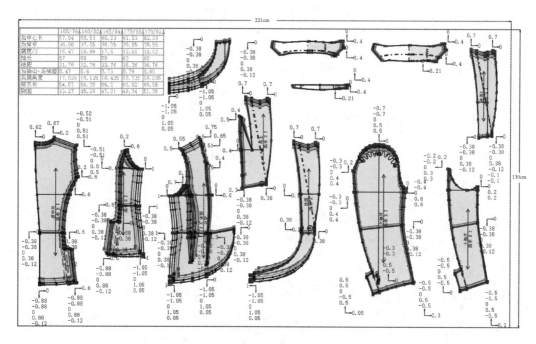

图 2-47　2018SS/G0004 款系列样板

2. 2019 年全国职业院校技能大赛中职组"服装设计与工艺"赛项实操试题（见图 2-48）

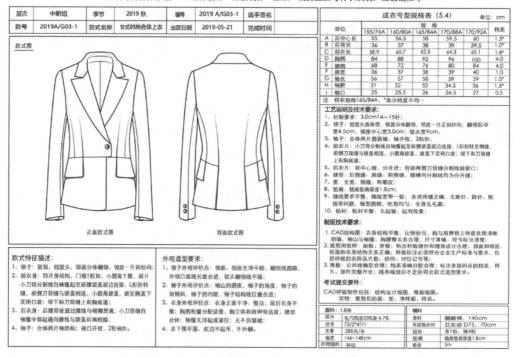

图 2-48　2019A/G03-1 服装技能竞赛工艺单

（1）2019A/G03-1 女式时尚合体上衣款式分析及结构制图。

①依据款式图及规格尺寸进行款式分析；

②根据款式进行 2019A/G03-1 款基码结构制图，如图 2-49 所示。

（2）2019A/G03-1 女式时尚合体上衣样板制作及样板核验。

①在结构图的基础上进行样板制作；

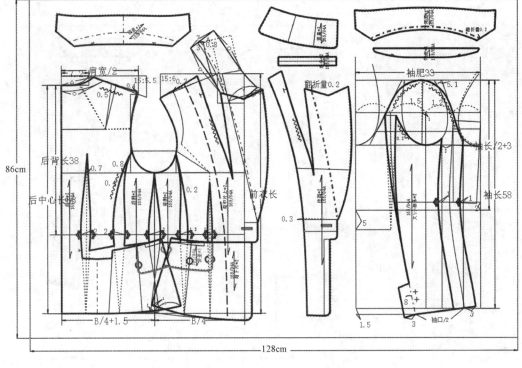

图 2-49 2019A/G03-1 款结构图

②样板核验，如图 2-50 所示。

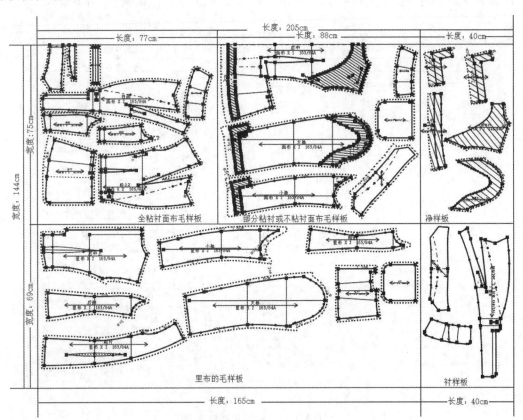

图 2-50 2019A/G03-1 款样板

（3）2019A/G03-1 女式时尚合体上衣系列样板制作。

根据题目所给服装款式图及规格尺寸表,在服装专用制版软件中进行号型编辑,显示码数分别为155/76A、160/80A、165/84A、170/88A、170/92A,如图2-51所示。

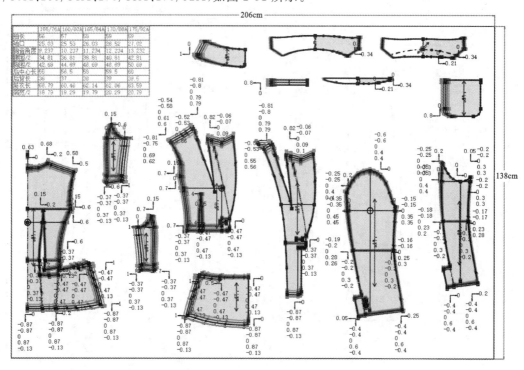

图2-51　2019A/G03-1款系列样板

3. 2019年全国职业院校技能大赛中职组"服装设计与工艺"赛项实操试题（见图2-52）

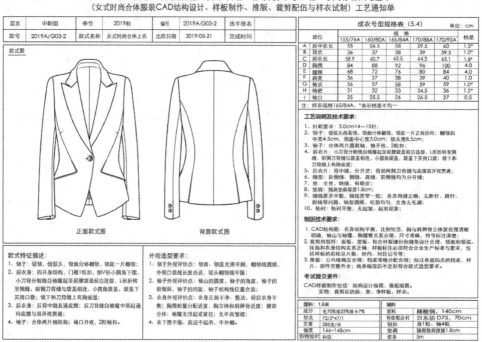

图2-52　2019A/G03-2款服装技能竞赛工艺单

（1）2019A/G03-2女式时尚合体上衣款式分析及结构制图。

①依据款式图及规格尺寸进行款式分析；

②根据款式进行 2019A/G03-2 款基码结构制图,如图 2-53 所示。

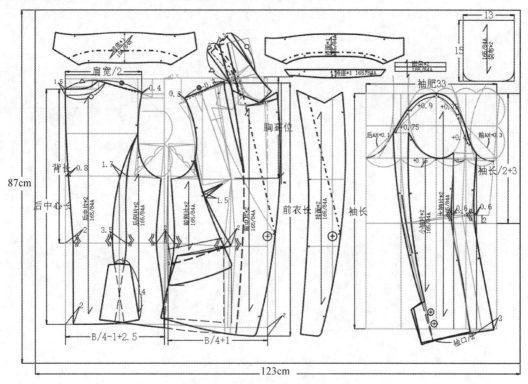

图 2-53　2019A/G03-2 款结构图

(2) 2019A/G03-2 女式时尚合体上衣样板制作及样板核验。

①在结构图的基础上进行样板制作;

②样板核验,如图 2-54 所示。

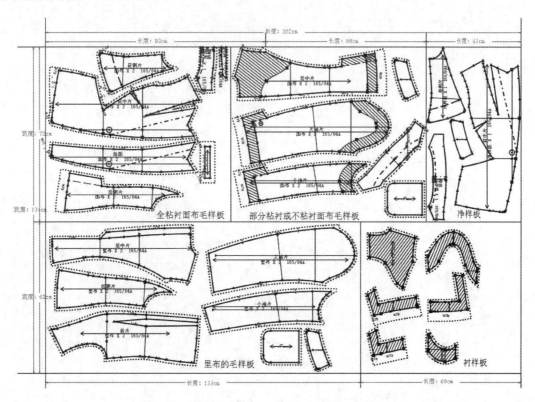

图 2-54　2019A/G03-2 款样板

（3）2019A/G03-2女式时尚合体上衣系列样板制作。

根据题目所给服装款式图及规格尺寸表，在服装专用制版软件中进行号型编辑，显示码数分别为155/76A、160/80A、165/84A、170/88A、170/92A，如图2-55所示。

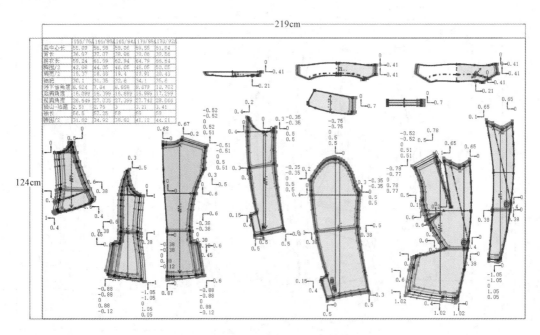

图 2-55　2019A/G03-2 款系列样板

4. 2021 年全国职业院校技能大赛改革试点赛中职组"服装设计与工艺"赛项实操试题（见图2-56）

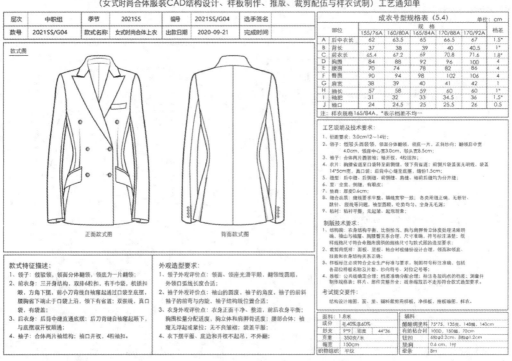

图 2-56　2021SS/G04 款服装技能竞赛工艺单

（1）2021SS/G04 女式时尚合体上衣款式分析及结构制图。

①依据款式图及规格尺寸进行款式分析；

②根据款式进行 2021SS/G04 款基码结构制图,如图 2-57 所示。

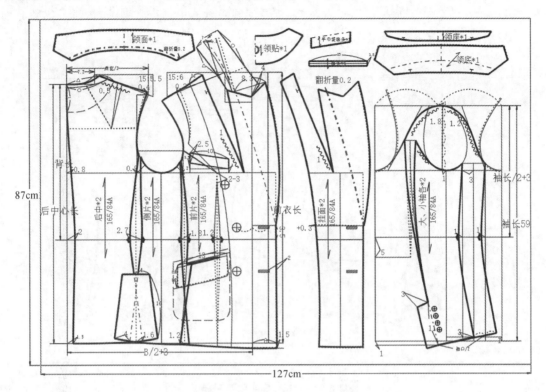

图 2-57　2021SS/G04 款结构图

(2) 2021SS/G04 女式时尚合体上衣样板制作及样板核验。

①在结构图的基础上进行样板制作;

②样板核验,如图 2-58 所示。

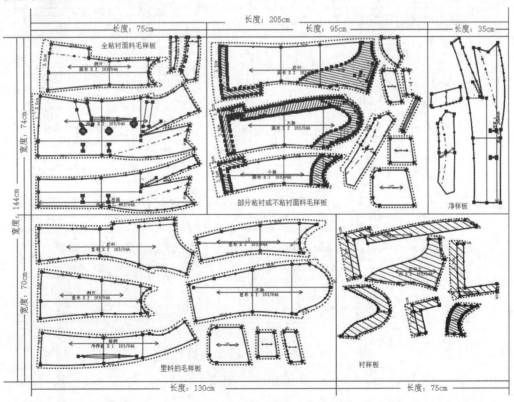

图 2-58　2021SS/G04 款样板

（3）2021SS/G04 女式时尚合体上衣系列样板制作。

根据题目所给服装款式图及规格尺寸表,在服装专用制版软件中进行号型编辑,显示码数分别为155/76A、160/80A、165/84A、170/88A、170/92A,如图 2-59 所示。

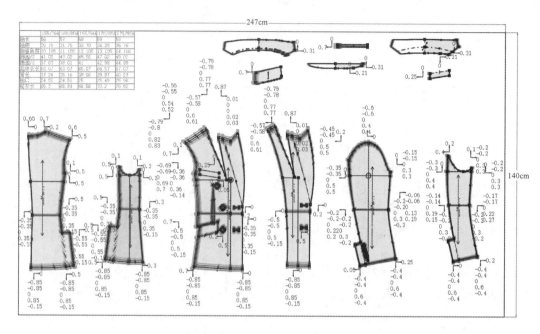

图 2-59　2021SS/G04 款系列样板

5. 2021 年全国职业院校技能大赛中职组"服装设计与工艺"赛项实操试题(见图 2-60)

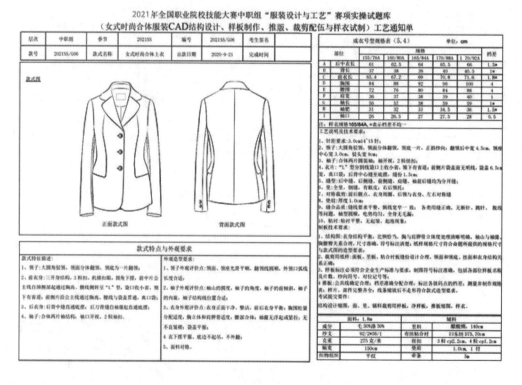

图 2-60　2021SS/G06 服装技能竞赛工艺单

（1）2021SS/G06 女式时尚合体上衣款式分析及结构制图。

①依据款式图及规格尺寸进行款式分析;

②根据款式进行 2021SS/G06 款基码结构制图,如图 2-61 所示。

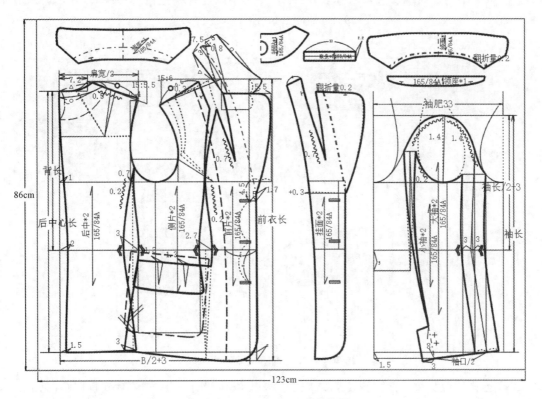

图 2-61　2021SS/G06 款结构图

（2）2021SS/G06 女式时尚合体上衣样板制作及样板核验。

①在结构图的基础上进行样板制作；

②样板核验，如图 2-62 所示。

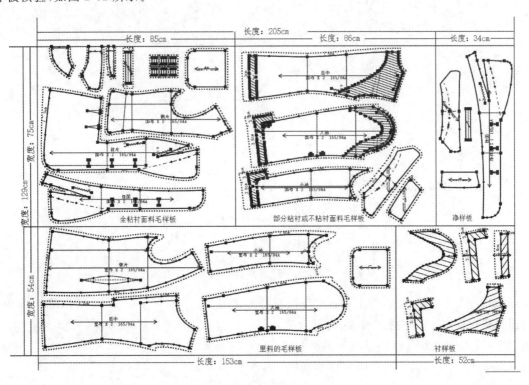

图 2-62　2021SS/G06 款样板

（3）2021SS/G06 女式时尚合体上衣系列样板制作。

根据题目所给服装款式图及规格尺寸表,在服装专用制版软件中进行号型编辑,显示码数分别为155/76A、160/80A、165/84A、170/88A、170/92A,如图 2-63 所示。

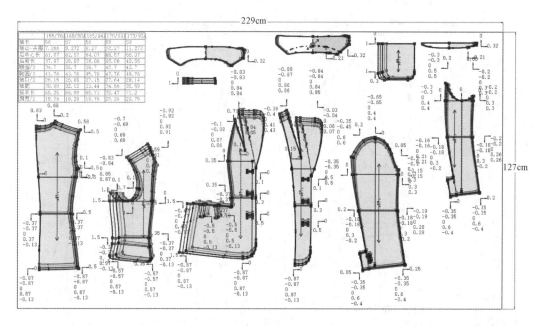

图 2-63　2021SS/G06 款系列样板

6. 2022 年全国职业院校技能大赛改革试点赛中职组"服装设计与工艺"赛项实操试题(见图 2-64)

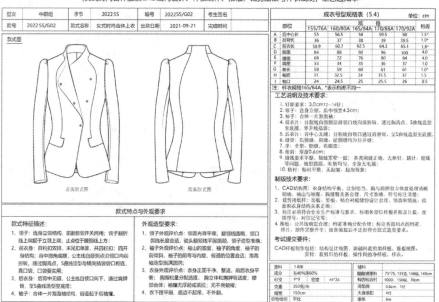

图 2-64　2022SS/G02 款服装技能竞赛工艺单

(1) 2022SS/G02 女式时尚合体上衣款式分析及结构制图。

①依据款式图及规格尺寸进行款式分析;

②根据款式进行 2022SS/G02 款基码结构制图,如图 2-65 所示。

(2) 2022SS/G02 女式时尚合体上衣样板制作及样板核验。

①在结构图的基础上进行样板制作;

②样板核验,如图 2-66 所示。

(3) 2022SS/G02 女式时尚合体上衣系列样板制作。

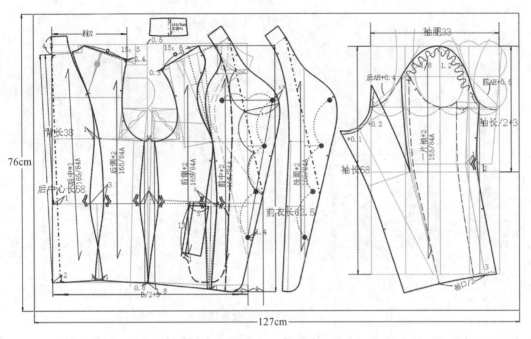

图 2-65　2022SS/G02 款结构图

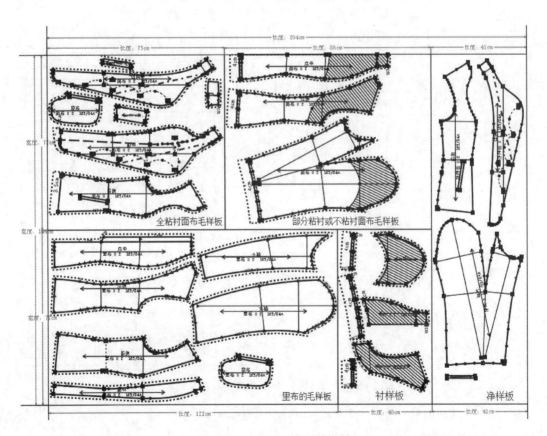

图 2-66　2022SS/G02 款样板

　　根据题目所给服装款式图及规格尺寸表,在服装专用制版软件中进行号型编辑,显示码数分别为155/76A、160/80A、165/84A、170/88A、170/92A,如图 2-67 所示。

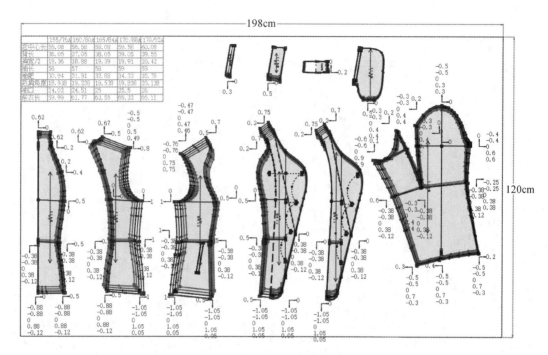

图 2-67　2022SS/G02 款系列样板

7. 2022 年全国职业院校技能大赛中职组“服装设计与工艺”赛项实操试题(见图 2-68)

2022年全国职业院校技能大赛中职组“服装设计与工艺”赛项实操试题库

（女式时尚合体服装CAD结构设计、样板制作、推版、裁剪配伍与样衣试制）工艺通知单

层次	中职组	季节	2022秋	编号	2022SS/G03	考生签名	
款号	2022SS/G03	款式名称	女式时尚合体上衣	出款日期	2022-06-24	完成时间	

款式图

正面款式图　　背面款式图

成衣号型规格表（5.4）　单位：cm

部位		规格 155/76A	160/80A	165/84A	170/88A	170/92A	档差
A	后中衣长	50	51.5	53	54.5	55	1.5*
B	背长	36	37	38	39	39.5	1.0*
C	前衣长	54.4	56.2	58	59.8	60.6	1.8*
D	胸围	84	88	92	96	100	4.0
E	腰围	64	68	72	76	80	4.0
F	臀围	88	92	96	100	104	4.0
G	肩宽	36	37	38	39	39	1.0
H	袖长	56	57	58	59	59	1.0*
I	袖肥	30	31	32	33.5	35	1.5*
J	袖口	24	23.5	24	25.5	26	0.5

注：样衣规格165/84A，*表示档差不均一

工艺说明及技术要求：

1、针距要求:3.0cm12-14针；

2、领子:领面和领底均为一片，后中总领高8cm，后中领座1.5cm，门襟处领角6cm前领右侧外口夹襻褶旋拧至领前端，领口搭最宽处8cm；

3、袖子:合体三片插肩袖；结构造型近似西装袖；

4、衣身:前后插肩袖、刀背公主线、袖子分割线在前后点处对齐；胸腰省道和刀背公主线穿过袋口直通底摆，袋牙压衣身无明线；真口袋；后背中心缝，后刀背公主线至底摆；后中心缝份1.5cm；

5、缝型:后中缝、后侧缝、前侧缝、肩缝、袖前后缝均为分开缝；

6、里:全里，倒缝，有眼皮；背中上部和腋下功能与结构合理；

7、垫肩:厚度0.6cm；

8、缝合品质:缝线要求平整，缉线宽窄一致；各类用缝正确，无断针、跳针、靓线等问题，袖型死褶，吃势均匀，全身无毛漏；

9、粘衬:粘衬平整，无起皱，起泡现象；

制版技术要求：

1、结构图:衣身结构平，比例恰当，与肩立度处理清晰明确，袖山与袖窿、胸腰臀关系合理，尺寸准确，符号标注清楚；纸样规格尺寸符合命题所提供的规格尺寸与款式图的造型要求；

2、裁剪用纸样:面板、里板、粘合衬板缝份和造角设计合理，领面和领底、挂面和衣身结构关系正确；纱向排料正确；

3、样板标注必须符合企业生产标准与要求，制图符号标注准确，包括各部位样板名称及材料、片数、纱向符号、对位记号、归拔等；

4、推板:放码基点确定合理；档差准确分配合理；标注各放码点的档差；测量并制作规格表；样片、部件完整齐全；线条缩放后不走形符合款式造型要求。

考试提交要件：

结构设计缩引，面、里、辅料裁剪用样板，净样板，推板缩图，样衣。

款式特点与外观要求

款式特征描述：

1、领子:露颈椭圆领口，单片翻领，后领宽深比例合理，看上去后领上口水平，前中有“缠绕”感，前领口单独加一个襻，斜向翻下固定在大身左侧，将领前端及门襟接缝盖住，领角在门襟处用小挂钩完成“闭环”前领口的话痕；

2、前衣身:四开身结构，前中4粒扣，前中圆下摆；前胸下腰省穿过袋口到底摆；前侧刀背公主线在袖窿处与大小袖前分割线相交，向下穿过袋口至底摆；前腰至底摆之间为“雨伞”造型；单开线挖袋，袋口弧形与下摆平行，口袋后端与侧缝对齐；

3、后衣身:有后中，后刀背公主线在袖窿处与大小袖后缝对齐，后公主线下至底摆；

4、袖子:合体西装袖转插肩袖，插肩袖分割线上端起于前后领口，下端与刀背公主线对齐，三片结构。

外观造型要求：

1、领子外观评价点:领面、领座光滑平顺，翻领线圆顺，外领口弧线长度合适；领缠绕和领襻翻转自然。

2、袖子外观评价点:插肩袖的肩头饱满圆润，袖身的圆度，袖子的角度，袖子的前斜，袖子的前弯，袖子的内旋，袖子结构线位置合适；

3、衣身外观评价点:衣身正面干净、整洁，前后衣身平衡；胸围松量分配适度，胸立体和肩胛骨立体适度；腰部合体；肩膀边无浮起或紧拉；无不良皱褶；袋盖平服；

4、衣服前后平衡，底摆平服、不起吊、不外翻；

面料：1.8米				辅料	
成分	涤79%粘胶16%麻3%氨纶2%			里料	精棉缎68*120,135克/米²，148幅
纱支	40*30	密度	104*84	有纺粘合衬	TSD,150幅，55克/米² 148幅148CM
克重	215克/米			锥肩垫肩	1.0cm，1付
幅宽	148cm			纽扣	4粒Φ2.2cm 1粒Φ2.5cm
织物组织	平纹			牵条	5m

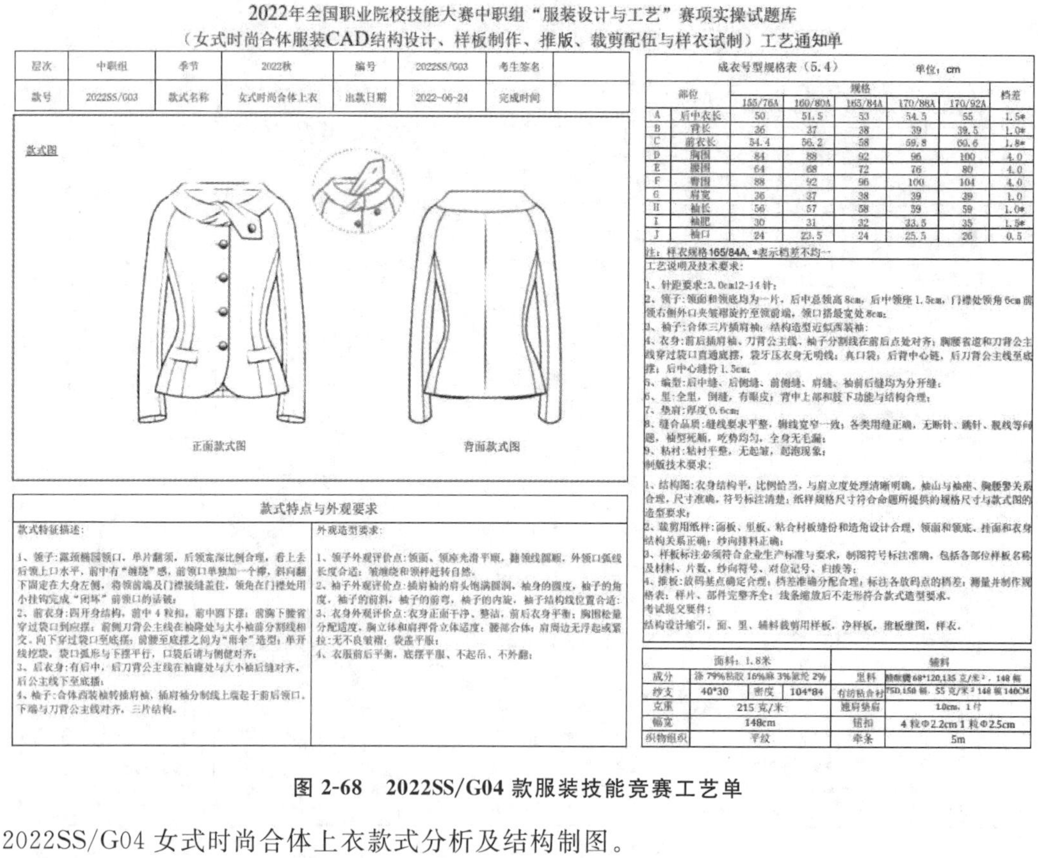

图 2-68　2022SS/G04 款服装技能竞赛工艺单

(1) 2022SS/G04 女式时尚合体上衣款式分析及结构制图。

①依据款式图及规格尺寸进行款式分析；

②根据款式进行 2022SS/G04 款基码结构制图，如图 2-69 所示。

(2) 2022SS/G04 女式时尚合体上衣样板制作及样板核验。

①在结构图的基础上进行样板制作；

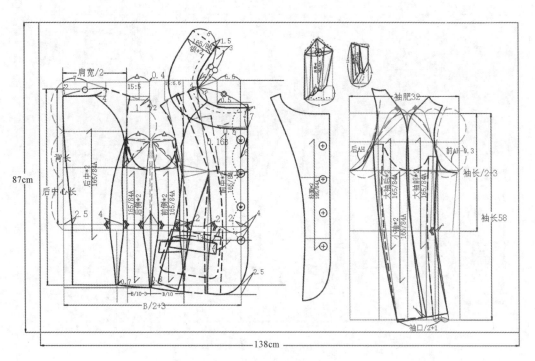

图 2-69　2022SS/G04 款结构图

②样板核验，如图 2-70 所示。

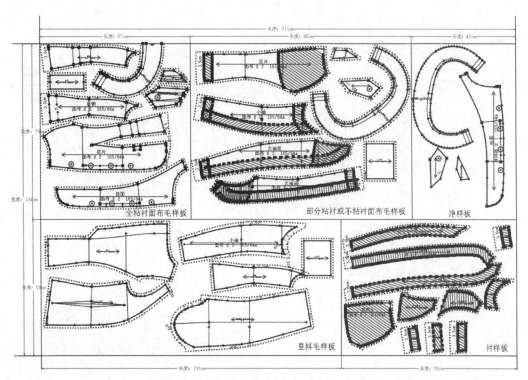

图 2-70　2022SS/G04 款样板

（3）2022SS/G04 女式时尚合体上衣系列样板制作。

根据题目所给服装款式图及规格尺寸表，在服装专用制版软件中进行号型编辑，显示码数分别为155/76A、160/80A、165/84A、170/88A、170/92A，如图 2-71 所示。

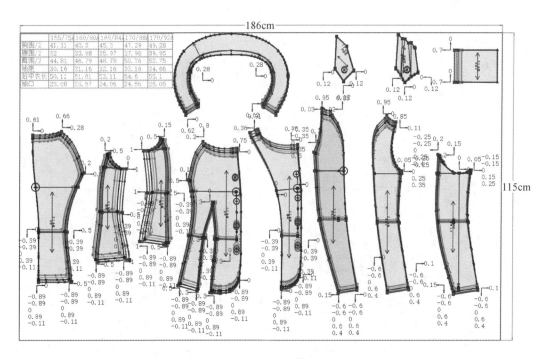

图 2-71　2022SS/G04 款系列样板

8．2022 年全国职业院校技能大赛中职组"服装设计与工艺"赛项实操试题（见图 2-72）

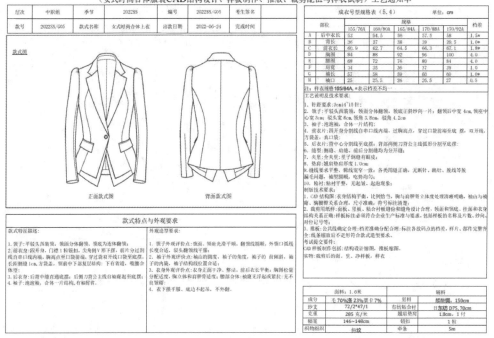

图 2-72　2022SS/G05 款服装技能竞赛工艺单

（1）2022SS/G05 女式时尚合体上衣款式分析及结构制图。

①依据款式图及规格尺寸进行款式分析；

②根据款式进行 2022SS/G05 款基码结构制图，如图 2-73 所示。

（2）2022SS/G05 女式时尚合体上衣样板制作及样板核验。

①在结构图的基础上进行样板制作；

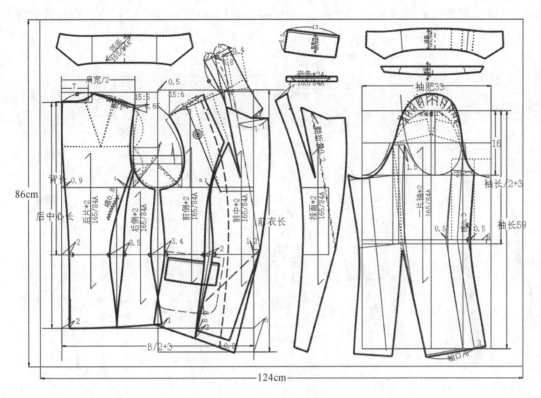

图 2-73　2022SS/G05 款结构图

②样板核验，如图 2-74 所示。

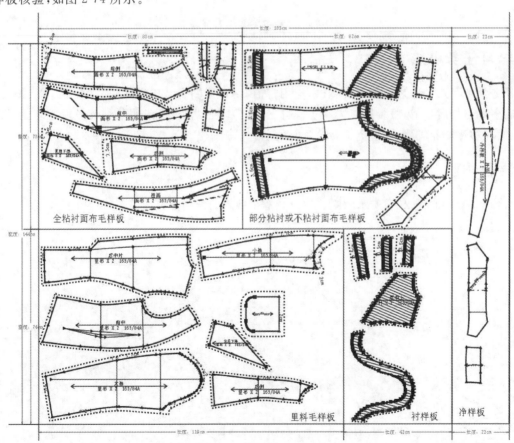

图 2-74　2022SS/G05 款样板

（3）2022SS/G05 女式时尚合体上衣系列样板制作。

根据题目所给服装款式图及规格尺寸表，在服装专用制版软件中进行号型编辑，显示码数分别为155/76A、160/80A、165/84A、170/88A、170/92A，如图 2-75 所示。

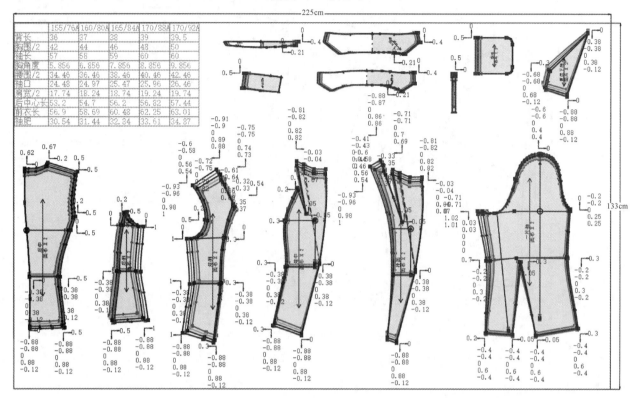

图 2-75　2022SS/G05 款系列样板

三、学习任务小结

本次任务学习了八种服装技能竞赛款式，应用富怡 CAD 绘制了结构设计图、样板制作图、推版图等，希望大家课后多练习拓展款，为服装技能竞赛实操打下良好基础。相信通过服装技能竞赛款富怡 CAD 制版的学习，大家能够逐渐养成严谨、规范、细致、耐心的专业习惯。

四、课后作业

应用富怡 CAD 绘制图 2-76 所示的服装技能竞赛拓展款的结构设计图、样板制作图、推版图。

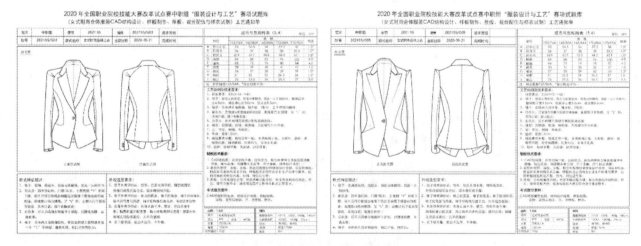

图 2-76　服装技能竞赛拓展款工艺单

续图 2-76

项目三 ET CAD 基本原理

学习任务一　ET CAD 概述

教学目标

1. 专业能力:能够认识和理解 ET CAD 的概念和发展,以及 ET CAD 硬件配置。

2. 社会能力:熟识 ET CAD 在服装制版中的作用和意义。

3. 方法能力:培养善于观察和分析、细心思考的能力。

学习目标

1. 知识目标:理解 ET CAD 的概念及功能。

2. 技能目标:学会分析 ET CAD 工具操作的特点。

3. 素质目标:具备一定的信息资料收集、整理、归纳能力,以及一定的审美能力。

教学建议

1. 教师活动:教师通过展示不同款式 ET CAD 制版图片,帮助学生认识 ET CAD 的概念、特点、工业化生产及 ET CAD 发展方向,引导学生深入思考 ET CAD 制版与服装企业生产的关系,帮助学生理解 ET CAD 工业制版的意义。

2. 学生活动:认识 ET CAD 的起源和发展,观察分析 ET CAD 工业制版的特点和发展方向。

一、学习问题导入

各位同学,大家好！今天我们开始学习 ET CAD 软件的基本概念。通过前面项目的学习,我们已经掌握富怡 CAD 基本操作特点, 接下来我们要掌握 ET CAD 软件基本情况、它的发展以及硬件配置。我相信同学们很想了解 ET CAD 软件的结构与配置。请同学们观察图 3-1,你能说出它们的名称和用途吗?

图 3-1　硬件与软件

二、学习任务讲解

1. ET CAD 的发展特色和趋势

(1) ET CAD 的发展特色。

随着社会经济的发展,以及人们生活水平和文化修养的提高,人们的衣着也发生了变化,由最初的盲目从众变为追求品牌和个性,款式上既显示个性又具有时代特色。服装穿着品位的提高促使服装业向多品种、小批量、短周期、高质量方向发展,而 ET CAD 适应服装业的发展特点,具有对市场的快速反应能力,成为服装企业面对市场竞争的有效工具,如图 3-2 所示。

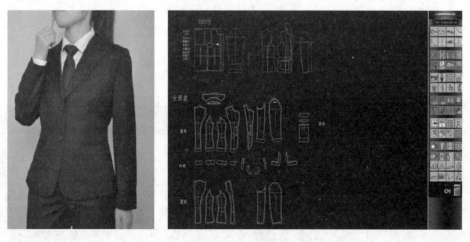

图 3-2　ET 制版结构

(2) ET CAD 技术发展趋势。

在 ET 服装 CAD 面市后的 20 年间,服装 CAD 技术得到了迅猛发展。在此期间,ET 一次次定义着服装 CAD 的技术发展方向。我们可以沿着 ET 的技术发展轨迹,探索一下近二十年服装 CAD 的技术发展之路。

①智能化与自动化。

ET 智能笔、ET 缝净边联动、ET 角处理联动、ET 裁片刷新等全新技术概念颠覆了以往服装 CAD 软件的技术框架,ET 将"智能化"的技术概念引入服装 CAD 领域。ET 提出 2D/3D 融合的服装 CAD 技术理念,实现了二维服装 CAD 技术与三维服装仿真技术的无缝融合。自此,服装 CAD 软件从单纯的二维技术走向二维/三维融合的技术领域,如图 3-3 所示。

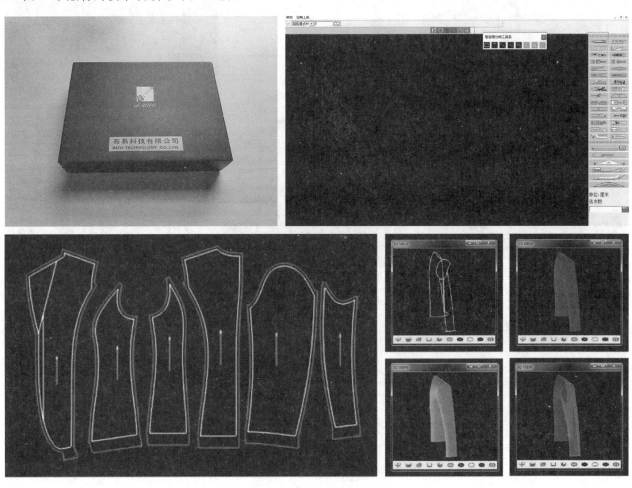

图 3-3 智能化与自动化

②智能化裁剪。

ET 正式推出"ET 综合裁剪解决方案",提出"智能裁剪方案"的技术概念,将自动排料、自动分床、自动铺布方案和自动裁剪报表生成集成于服装 CAD 系统中,如图 3-4 所示。

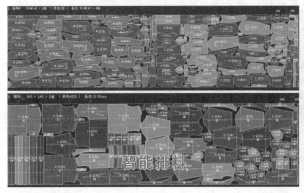
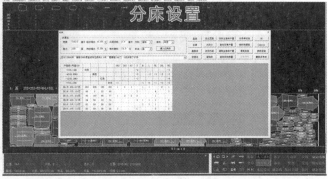

图 3-4 智能化裁剪

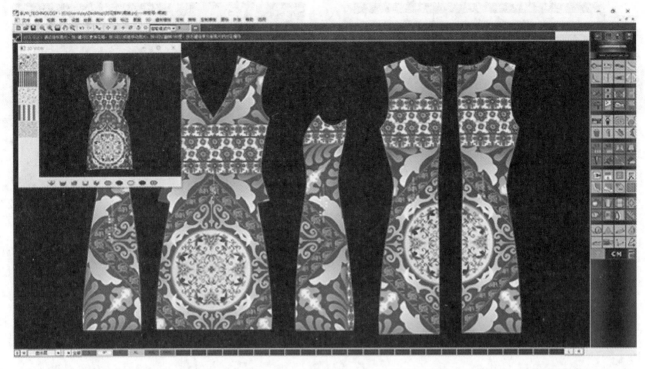

续图 3-4

③AI(人工智能)领域。

衣智云首次将基于人工智能的图形搜索技术与服装 CAD 技术结合起来,在服装设计领域中,首次实现了基于 AI 技术的款、版、料、法的技术框架,为 AI 技术在服装设计与生产领域中的应用提供了非常有意义的探索和实践,如图 3-5 所示。

图 3-5 AI(人工智能)领域

④数字化供应链。

ET 提出"面向工业互联网的新一代服装 CAD 构架"的技术理念,将服装 CAD 的技术构架重心从单一企业应用转向企业间协同设计与生产。基于新构架的 ET CAD 线上版,实现了 ET 线上线下产品配套,为搭建服装 CAD 赋能服装企业数字化供应链提供了技术和产品保障,如图 3-6 所示。

图 3-6　数字化供应链

2. ET CAD 的安装、启动

ET CAD 是在 Windows 操作系统下使用的服装制版软件。在使用 ET CAD 程序之前,需要先安装 ET CAD。本部分主要介绍 ET CAD 学习版的安装与启动。

(1) ET CAD 的安装方法。

在使用 ET CAD V9.0 之前,首先需要对软件进行下载及安装,下面介绍具体操作方法。

①先在 ET 官方网站下载 ET 软件学习版,如图 3-7 所示。

图 3-7　ET CAD 学习版

②双击软件安装目录下的安装程序并进入界面,如图 3-8 所示。

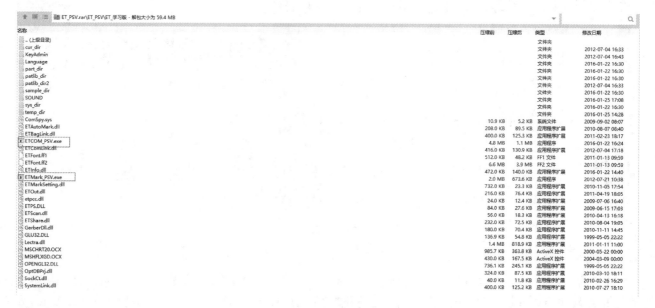

图 3-8　安装软件

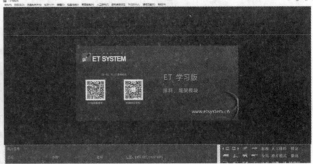

续图 3-8

（2）ET CAD 的启动方法，如图 3-9 所示。

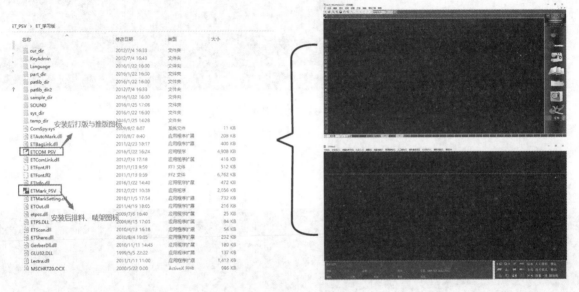

图 3-9　启动方式

（3）ET 制版过程，如图 3-10 所示。

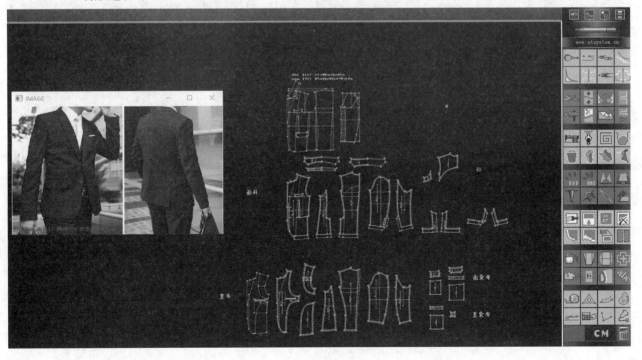

图 3-10　男西服制版

（4）数字仪应用与推版技术，如图 3-11 所示。

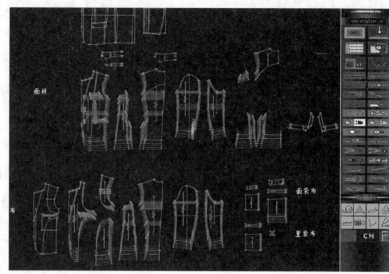

图 3-11 男西装推版

（5）排料，如图 3-12 所示。

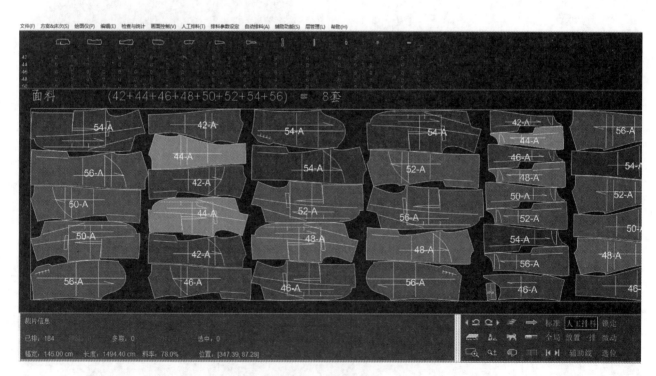

图 3-12 男西装排料

（6）ET 绘图仪输出与打印，如图 3-13 所示。

打印线条圆顺、清晰、无接缝
可选1~8号粗细线

图 3-13　绘图仪输出与打印

三、学习任务小结

　　通过本次任务的学习，同学们基本掌握了 ET CAD 软件的工业生产应用、软件优势及安装和启动，大家平时要多留心观察 ET CAD 软件有哪些特点及功能，为后面学习 ET CAD 打下良好的基础。课后，大家可以多收集一些 ET CAD 服装制版、推版及排料视频，提升对 ET CAD 的认识和理解，同时养成严谨、规范、细致、耐心的专业习惯。

四、课后作业

　　收集不同的 ET CAD 服装制版、推版及排料的图片，并分析 ET CAD 操作的特点和功能。

学习任务二　ET CAD 的基本操作

教学目标

1. 专业能力：能够掌握 ET CAD 软件工具的使用方法，以及 ET CAD 基本操作步骤。

2. 社会能力：熟识 ET CAD 的基本操作方式，为后续在服装企业工作打下基础。

3. 方法能力：提升信息和资料收集能力、看图制版和表达能力、总结与反思的能力。

学习目标

1. 知识目标：熟悉 ET CAD 的基本操作要点及流程，认识 ET CAD 服装制版的依据。

2. 技能目标：能基本掌握 ET CAD 工具操作的方式，并列出 ET CAD 工具使用清单。

3. 素质目标：能按时完成作业练习，积极思考，乐于表达，提升自身综合职业能力。

教学建议

1. 教师活动：教师运用多媒体课件展示和操作过程演示，讲授 ET CAD 基本操作流程及要求；教师通过展示 ET CAD 服装制版图片，结合 ET CAD 基本概述，让学生掌握 ET CAD 基本操作。

2. 学生活动：认识 ET CAD 的基本操作方式，观察分析 ET CAD 工具操作要领和步骤，并能很好地掌握 ET CAD 软件操作。

一、学习问题导入

各位同学，大家好！今天我们学习 ET CAD 软件的基本操作方法。通过前面任务的学习，我们已经了解了 ET CAD 软件基本情况，接下来我们要掌握 ET CAD 软件工具的使用和基本操作方法。我相信同学们很想学习 ET CAD 软件的界面、工具使用和基本操作步骤。请同学们观察图 3-14，你能说出它们的步骤和要求吗？

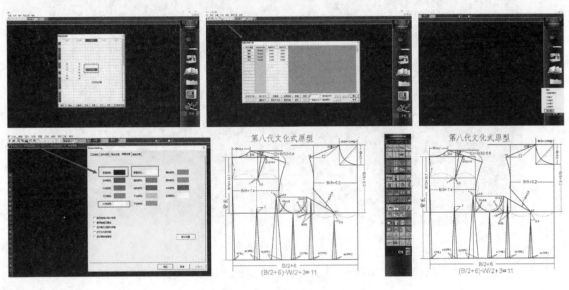

图 3-14　ET 制版结构图

二、学习任务讲解

1. 文化式女上装原型

本案例介绍的是第八代文化式女上装原型，是日本文化服装学院在第七代服装原型的基础上推出的更加符合年轻女性体型的新原型，如图 3-15 所示。

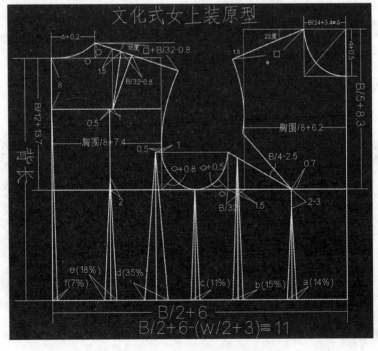

图 3-15　文化式女上装原型

2. 文化式女上装原型结构制图

（1）绘制矩形主体。

①先熟悉 ET CAD 软件的工作界面，包括标题栏、菜单栏、快捷工具栏、绘图工具栏、拓展工具栏、绘图工作区和状态栏，如图 3-16 所示。

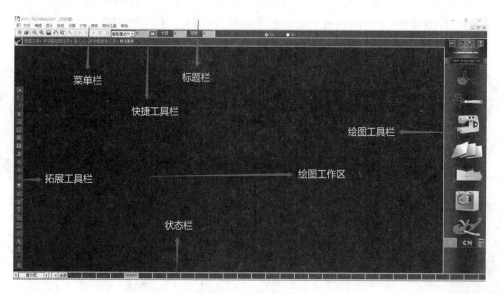

图 3-16 界面分析图

②单击"文件"中"系统属性"命令，弹出"界面设置"调整框；单击绘图工具栏的 CM 图形面板，调整绘图工具栏形状，如图 3-17 所示。

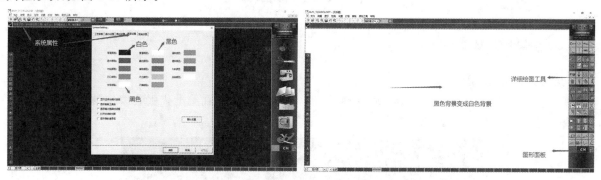

图 3-17 界面设置

③单击"设置"，选择号型名称和尺寸表命令，弹出号型名称设定和当前文件尺寸表对话框，如图 3-18 所示。

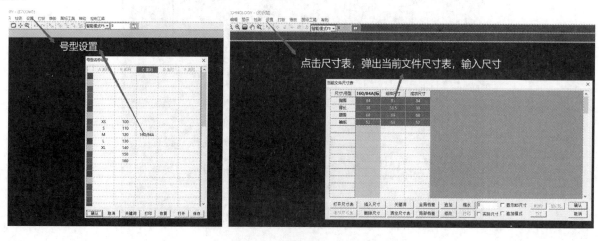

图 3-18 号型名称和尺寸表

④在快捷工具栏长和宽中分别输入背长＝38和胸围/2＋6＝48的尺寸,并用智能笔画出矩形,如图3-19所示。

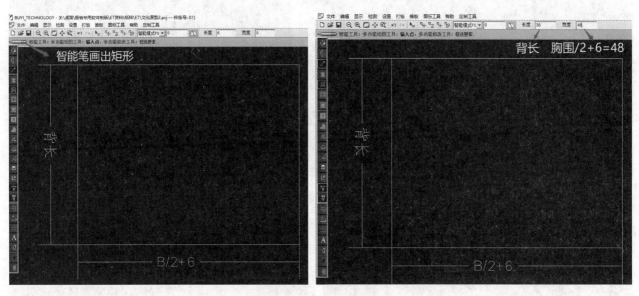

图 3-19　背长与胸围线

（2）绘制基础线。

①在工作区中最上方的边线上,按 Shift 框选最上方边线后,再按右键画出平行线,如图 3-20 所示。

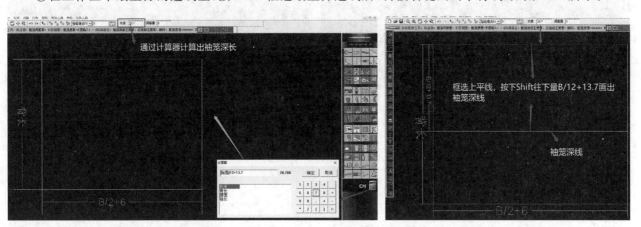

图 3-20　袖笼深线

②调出"计算器",在左侧的列表框中选择"胸围",双击鼠标左键计算出前胸宽和后背宽,单击确定按钮,如图 3-21 所示。

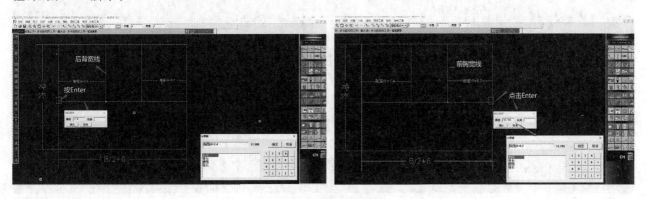

图 3-21　胸宽与背宽线

③在绘图工具栏中单击"智能笔"按钮,在前中线和袖笼线的交点处按 Enter,出现捕捉偏移对话框,在

纵偏中输入尺寸(B/5+8.3=25.1),画出一条线,并在这条线上画出前领口线,如图 3-22 所示。

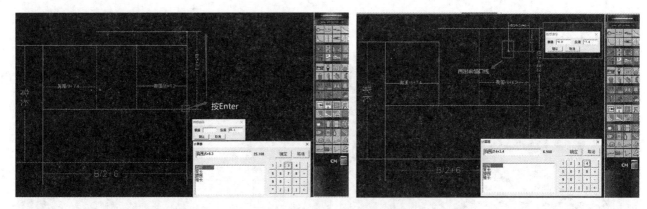

图 3-22 前袖笼和领口线

④在绘图工具栏中单击"智能笔"按钮,画出后领宽和后领深,接着画后肩斜和前肩斜,并确定前后肩宽,如图 3-23 所示。

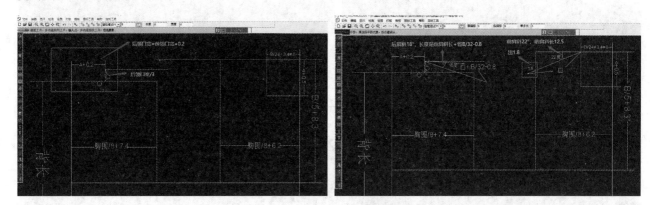

图 3-23 后领口及肩斜线

(3) 绘制前后省道线。

①单击"智能笔"按钮,从后中量下 8 cm 画出一条线,并在线上平分二等分,偏向袖笼线 1 cm 画出一条线到后肩斜上画出后肩省,如图 3-24 所示。

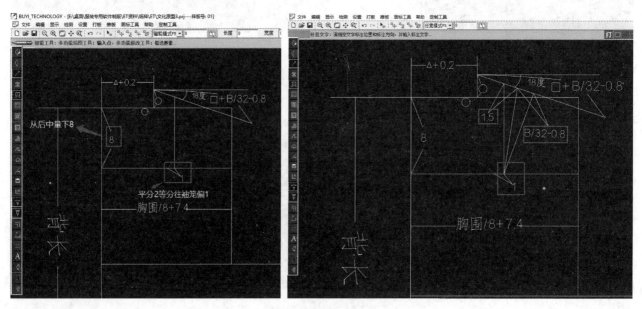

图 3-24 后肩省

②在绘图工具栏中单击"智能笔"按钮,在前胸宽和袖笼线的交点处往后袖笼偏进 B/32,平分前胸宽往袖笼偏进 0.7 cm,画出一条线,并在此线旋转 B/4−2.5 画出前袖笼省,如图 3-25 所示。

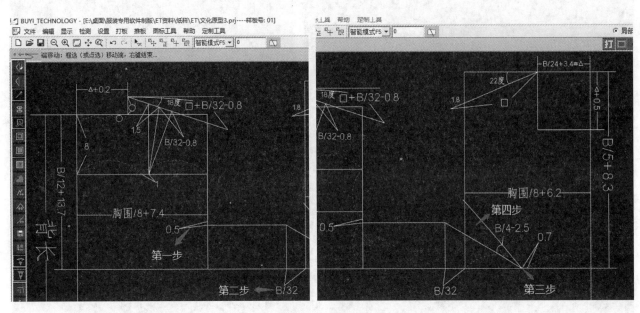

图 3-25　前袖笼省

（4）绘制前后袖笼弧线和腰节省。

①先用平分工具平分出侧缝点画出侧缝线,再把后背宽到侧点距离平分三等分,取出一等分分别加 0.5 和 0.8 画出前后袖笼弧线,如图 3-26 所示。

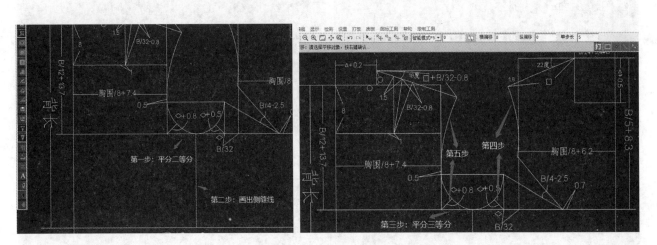

图 3-26　袖笼弧线

②用智能笔画出腰节省,在画出省之前先要将胸腰差算出来,胸腰差公式是 B/2+6−(W/2+3),然后按照百分比分别画出省,如图 3-27 所示。

（5）绘制前后领口弧线和轮廓线。

①单击智能笔,在前领口画出对角线,并在对角线上平分三等分,在最下等分偏下 0.5 cm 处画出前领口弧线;后领口弧线画法,在后肩颈点用智能笔顺势画出一条弧线,并保持圆顺,如图 3-28 所示。

②用变更线宽工具把轮廓线变粗,使轮廓线比辅助线粗很多,这样便于区分轮廓线和辅助线;把省道线变更颜色,通过变更颜色工具使省道用不同颜色区分开来,这样使省道线更加显眼,如图 3-29 所示。

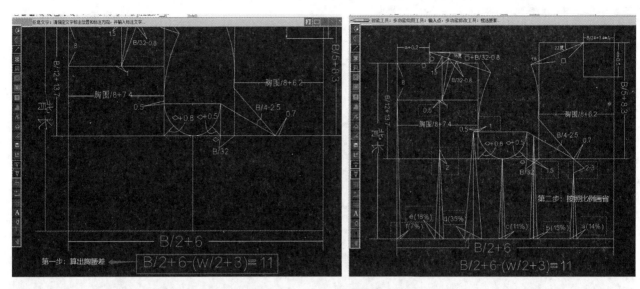

图 3-27 腰节省

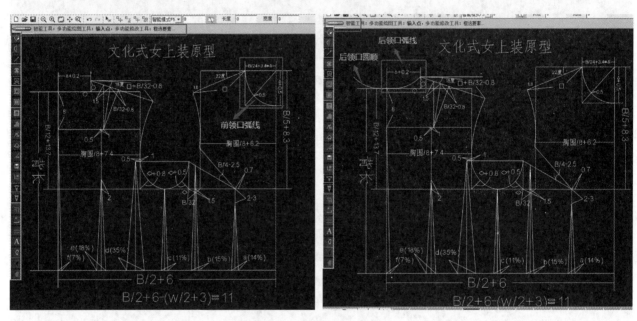

图 3-28 前后领口弧线

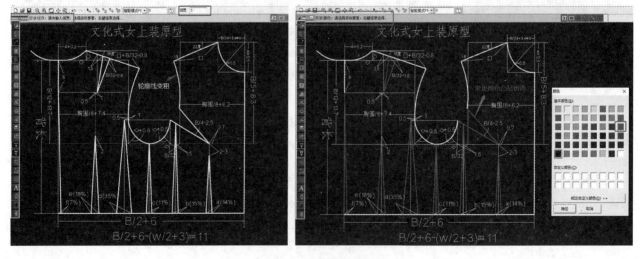

图 3-29 勾勒轮廓线

3. 文化式女上装原型推版

（1）文化式女上装原型样板制作。

先移出文化式女上装原型前后片，画好原型的省位，单击缝边刷新工具放出缝位，再根据裁片属性调整好布纹线，如图 3-30 所示。

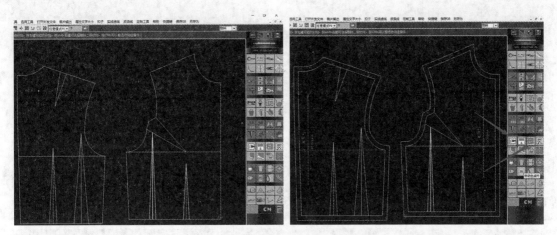

图 3-30　文化式女上装原型样板制作

（2）文化式女上装原型前片推版。

①样板制作完成后进行推版，先在设置中选号型名称，输入号型系列后选中并确定，再打开设置中的尺码表输入档差。单击推版界面转换器，进入推版界面，为推版做好准备，如图 3-31 所示。

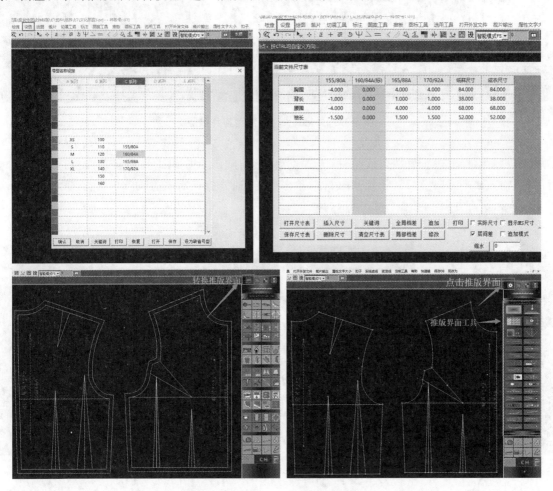

图 3-31　文化式女上装原型前片推版 1

②推版前先设置前后片的坐标点,单击移动点框选肩颈点,会出现放码规则对话框,输入水平方向－0.2、竖直方向0.7,并显示点规则,如图3-32所示。

图3-32　文化式女上装原型前片推版2

③放完肩颈点,接着进行肩端点放码、袖笼省点放码、前胸围点放码。先用移动点框选肩端点,会出现放码对话框,输入水平方向－0.5、竖直方向0.6,单击确定;袖笼省点水平方向－0.5、竖直方向0.3,前胸围点水平方向－1、竖直方向0,如图3-33所示。

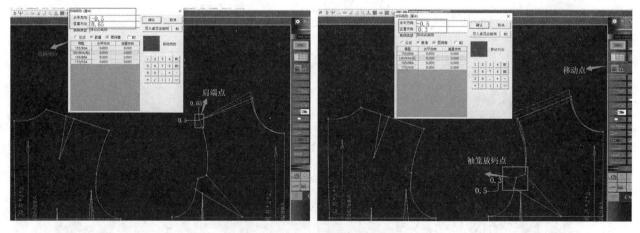

图3-33　文化式女上装原型前片推版3

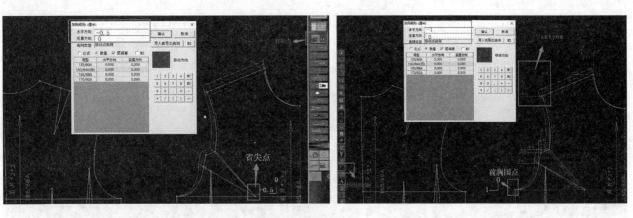

续图 3-33

④前腰围点放码、前腰节省放码、前领口深点放码。用移动点框选前腰围点，会出现放码对话框，输入水平方向－1、竖直方向－0.3，单击确定；前腰节省 1 水平方向－0.7、竖直方向－0.3，前腰节省 2 水平方向－0.5、竖直方向－0.3，前中心点水平方向 0、竖直方向 0.5，前领口深点水平方向 0、竖直方向 0.5，如图 3-34所示。

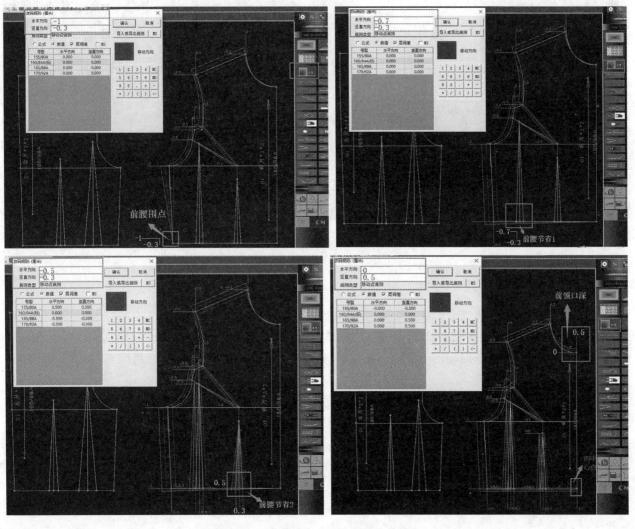

图 3-34　文化式女上装原型前片推版 4

（3）文化式女上装原型后片推版。

后片放码如前片放码一样。肩颈点水平方向 0.2、竖直方向 0.7，肩端点水平方向 0.5、竖直方向 0.6，后肩省水平方向 0.3、竖直方向 0.65,后背宽点水平方向 0.5、竖直方向 0.3,后胸围点水平方向 1、竖直方向 0,后腰围点水平方向 1、竖直方向 0.3,后腰节省 1 水平方向 0.7、竖直方向 0.3,后腰节省 2 水平方向 0.5、竖直方向 0.3,后中心点水平方向 0、竖直方向 0.3,后领口深点水平方向 0、竖直方向 0.65,如图 3-35 所示。

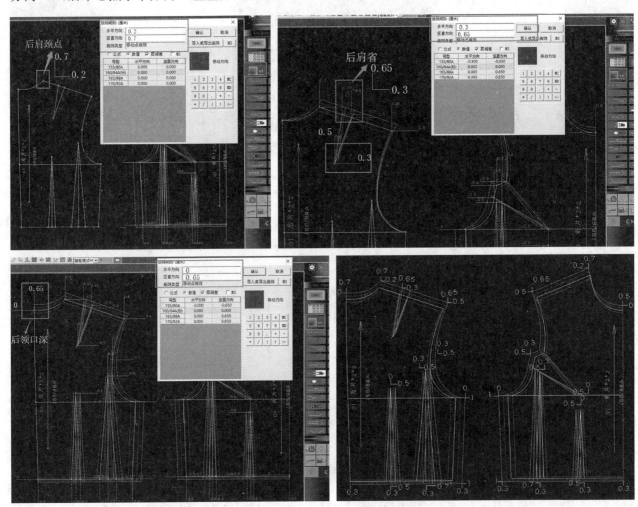

图 3-35　文化式女上装原型后片推版

三、学习任务小结

通过本次任务的学习,同学们基本掌握了 ET CAD 软件工具的使用方法。ET CAD 软件有很多工具,每个工具都有其使用步骤和要求,这就需要每位同学多操作、多训练。本次课用 ET CAD 来绘制女式上装原型,大家要注意观察工具混合使用步骤。课后,大家可以多收集 ET CAD 软件使用说明和视频,提升 ET CAD 操作技能。

四、课后作业

收集 ET CAD 软件工具使用视频,并多操作、多训练,完成各种款式制版。

项目四　ET CAD 制版实例

学习任务一　服装制版师中级技能款 ET CAD 制版

教学目标

1. 专业能力：能够掌握服装中级技能款 ET CAD 制版的方法，并熟悉 ET CAD 软件工具的使用方法和操作步骤及要求。

2. 社会能力：熟识 ET CAD 对服装企业制版的作用和意义。

3. 方法能力：能运用 ET CAD 对服装款式进行结构制图、样板制作及推版。

学习目标

1. 知识目标：熟悉 ET CAD 打版软件工具的使用方法及各种款制版过程和要求。

2. 技能目标：能熟练应用 ET CAD 完成服装结构制图、样板制作以及推版并满足质量要求。

3. 素质目标：学会收集资料和独立思考，开阔视野，团队合作，并完成实践任务。

教学建议

1. 教师活动：通过展示 ET CAD 制版视频，帮助学生建立 ET CAD 制版的信心，从而激发学生学习 ET CAD 制版的热情，并引导学生深入探究 ET CAD 制版要领和注意事项，从而熟练掌握 ET CAD 制版软件工具的使用方法。

2. 学生活动：学生通过观看老师展示的 ET CAD 制版视频，建立学习 ET CAD 制版的前期认知，能熟练运用 ET CAD 软件对裙子、裤子、衬衫、西装进行制版和推版。

一、学习问题导入

各位同学,今天我们学习 ET 服装制版。通过前面任务的学习,大家基本掌握 ET CAD 软件的操作方式,接下来我们要进行服装中级技能款 ET CAD 制版。请大家先看图 4-1,对 ET CAD 软件工具有一个初步的认知。

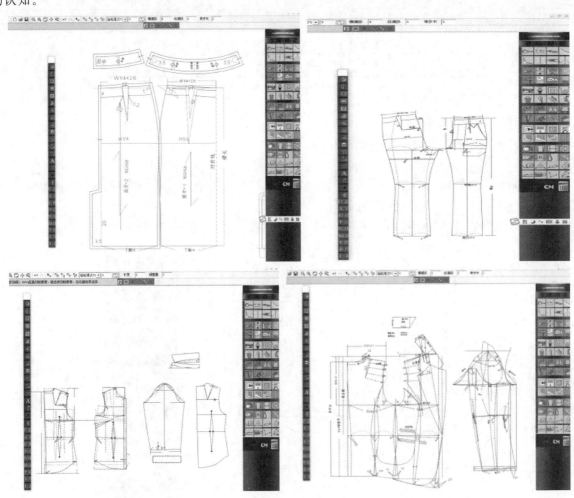

图 4-1　服装款式 ET CAD 制版图

二、学习任务讲解

1. 裙类款 ET CAD 制版

(1) 按照所提供的款式图(见图 4-2)完成以下操作。

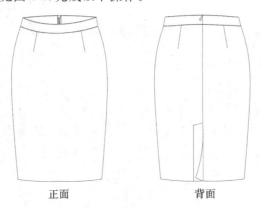

正面　　　　　　背面

图 4-2　裙类款式图

（2）裙类款规格尺寸表如表4-1所示。

表4-1　裙类款规格尺寸表

单位：cm

号型	部位				
	裙长	腰围	臀围	臀高	下脚
155/64A	59	64	88	18.5	85
160/68A	60	68	92	19	89
165/72A	61	72	96	19.5	93
170/76A	62	76	100	20	97

（3）裙类款分析及结构制图。

①依据款式图及规格尺寸进行裙类款分析；

②根据款式进行裙类款基码结构制图。

操作要求：

①根据题目所给服装款式图及规格尺寸表进行产品款式分析，在服装专用制版软件中输入规格尺寸表，标出基码（160/68A），并按基码绘制结构图；

②将产品款式分析及结构图绘制的结果（见图4-3）保存在考生文件夹中，文件名：FZZBS1-1。

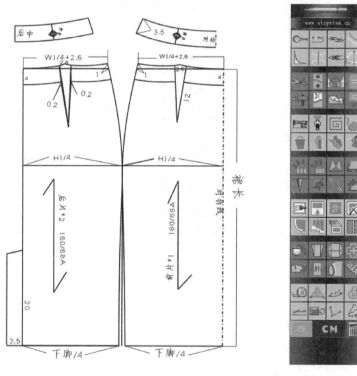

图4-3　裙类款结构制图

（4）裙类款样板制作及样板核验。

①在结构图的基础上进行样板制作；

②要根据材料的应用，结合效果图进行制版；

③要考虑样板的可实穿性，比如此裙的外观，我们要想到裙摆是否能迈步，根据效果图，制版时应该加后衩；

④样板核验。

操作要求：

①在结构图的基础上拾取基码的全套面布及内里和衬布纸样；

②编辑款式资料和纸样资料,包括款式名、码数、纸样名称、裁片片数、布料名、布纹设定等,并设置将资料显示在纸样中布纹线上下;

③给纸样加上合理的缝份、剪口、钻孔、眼位等标记并调整其布纹线;

④将基础样板制作的结果(见图4-4)保存在考生文件夹中,文件名:FZZBS1-2。

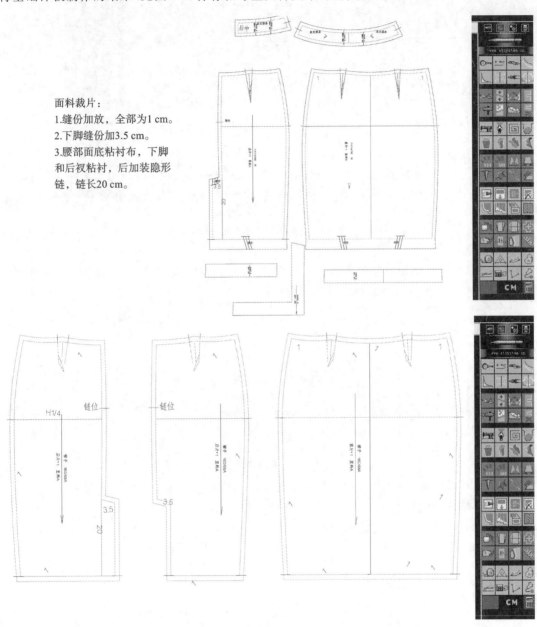

面料裁片:
1.缝份加放,全部为1 cm。
2.下脚缝份加3.5 cm。
3.腰部面底粘衬布,下脚
和后衩粘衬,后加装隐形
链,链长20 cm。

图4-4 裙类款样板制作

(5)裙类款系列样板制作。

操作要求:

①根据题目所给服装款式图及规格尺寸表,在服装专用制版软件中进行号型编辑,显示的颜色分别为:155/64A 绿色,160/68A 灰色,165/72A 红色,170/76A 橙色。

②使用点放码方法给所绘制的所有纸样放码。

③显示放码网状图,并标注出各放码点的XY放缩码量。

④在系列样板上显示出布纹线及款式名、码数、纸样名称、份数、布料名、缝份、标记等。

⑤将系列样板制作结果(见图4-5)保存在考生文件夹中,文件名:FZZBS1-3。

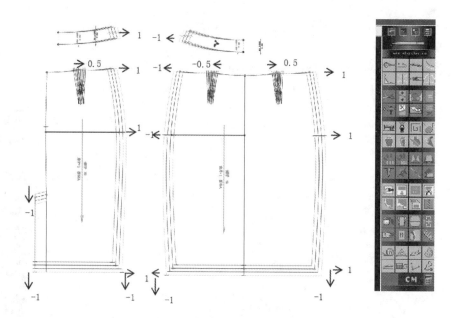

图 4-5　裙类款系列样板制作

（6）裙类拓展款。

请同学根据图 4-6 所示的裙类拓展款进行 ET CAD 结构制图、样板制作及推版制作。同学们，只有通过不断训练、实践，才能熟练应用专用软件进行纸样设计和生产。

图 4-6　裙类拓展款

2. 裤类款 ET CAD 制版

（1）按照所提供的款式图（见图 4-7）完成以下操作。

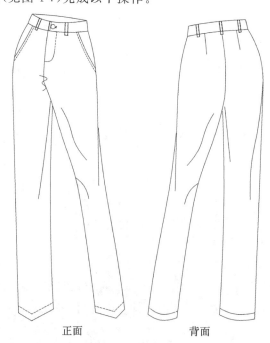

正面　　　　　　　背面

图 4-7　裤类款式图

（2）裤类款规格尺寸表如表 4-2 所示。

表 4-2　裤类款规格尺寸表　　　　　　　　　　　　单位:cm

号型	部位						
	裤长	腰围	臀围	前浪	膝围	后浪	脚围
155/64A	100	65	88	26	37	36.3	41
160/68A	102	69	92	26.5	38	37	42
165/72A	104	73	96	27	39	37.7	43
170/76A	106	77	100	27.5	40	38.4	44

（3）裤类款分析及结构制图。

①依据款式图及规格尺寸进行裤类款分析；

②根据款式进行裤类款基码结构制图,如图 4-8 所示。

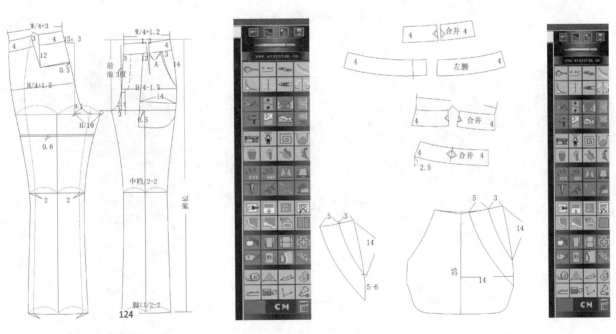

图 4-8　裤类款结构制图

（4）裤类款样板制作及样板核验。

①在结构图的基础上进行样板制作；

②样板核验,如图 4-9 所示。

（5）裤类款系列样板制作。

根据题目所给服装款式图及规格尺寸表,在服装专用制版软件中进行号型编辑,显示的颜色分别为:155/64A 绿色,160/68A 灰色,165/72A 黑色,170/76A 橙色,如图 4-10 所示。

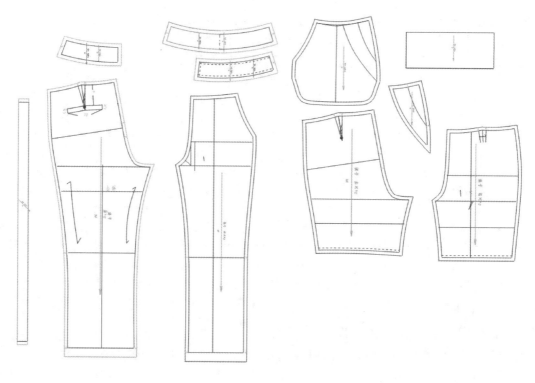

图 4-9　裤类款样板制作

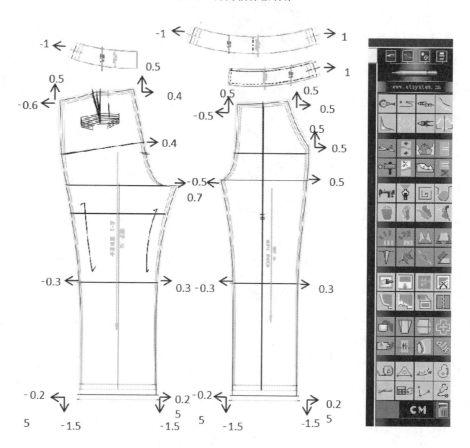

图 4-10　裤类款系列样板制作

（6）裤类拓展款。

请同学根据图 4-11 所示的裤类拓展款进行 ET CAD 结构制图、样板制作及推版制作。同学们,只有通过不断训练、实践,才能熟练应用专用软件进行纸样设计和生产。

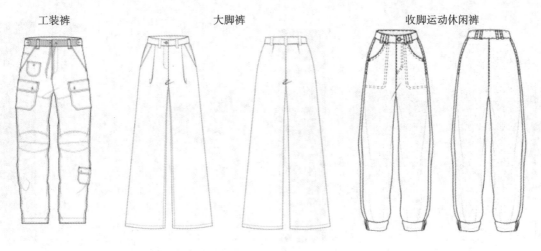

工装裤   大脚裤   收脚运动休闲裤

图 4-11　裤类拓展款

3. 衬衫类款 ET CAD 制版

（1）按照所提供的款式图（见图 4-12）完成以下操作。

正面   背面

图 4-12　衬衫类款式图

（2）衬衫类款规格尺寸表如表 4-3 所示。

表 4-3　衬衫类款规格尺寸表　　　　　　　　　　单位：cm

号型	部位					
	后中长	胸围	肩宽	袖长	袖口	腰围
155/80A	61	88	36	57	20＋2	75
160/84A	62	92	37	58	21＋2	79
165/88A	63	96	38	59	22＋2	83
170/92A	64	100	39	60	23＋2	87
175/96A	65	104	40	61	24＋2	91

（3）衬衫类款分析及结构制图。

①依据款式图及规格尺寸进行衬衫类款分析；

②根据款式进行衬衫类款基码结构制图，如图 4-13 所示。

（4）衬衫类款样板制作及样板核验。

①在结构图的基础上进行样板制作；

②样板核验，如图 4-14 所示。

（5）衬衫类款系列样板制作。

根据题目所给服装款式图及规格尺寸表，在服装专用制版软件中进行号型编辑，显示的颜色分别为：155/80A 橙色，160/84A 黑色，165/88A 红色，170/92A 紫色、175/96A 蓝色，如图 4-15 所示。

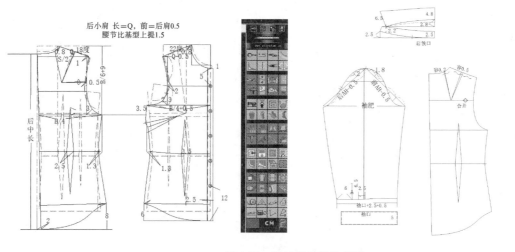

图 4-13　衬衫类款结构制图

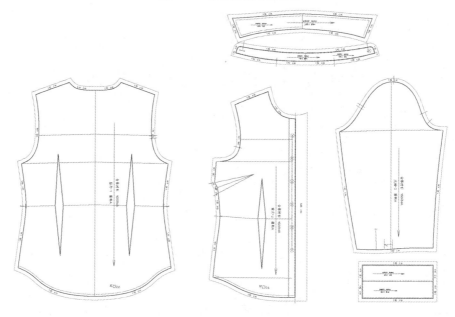

图 4-14　衬衫类款样板制作

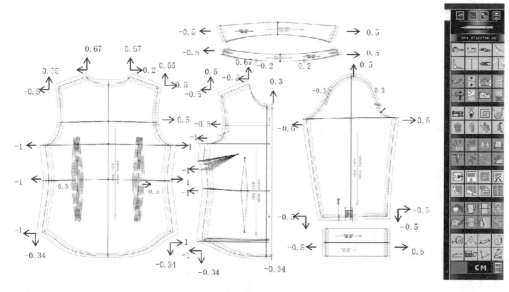

图 4-15　衬衫类款系列样板制作

（6）衬衫类拓展款。

请同学根据图 4-16 所示的衬衫类拓展款进行 ET CAD 结构制图、样板制作及推版制作。同学们，只有通过不断训练、实践，才能熟练应用专用软件进行纸样设计和生产。

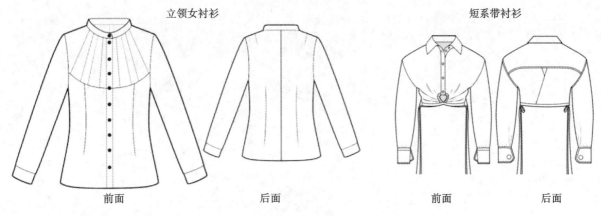

立领女衬衫		短系带衬衫	
前面	后面	前面	后面

图 4-16　衬衫类拓展款

4. 八片式西装类款 ET CAD 制版

（1）按照所提供的款式图（见图 4-17）完成以下操作。

前面　　　　　　　　　　后面

图 4-17　西装类款式图

（2）西装类款规格尺寸表如表 4-4 所示。

表 4-4　西装类款规格尺寸表　　　　　　　　　　单位：cm

号型	部位						
	后中长	胸围	腰围	肩宽	袖长	袖口	袖介英
155/80A	56	88	72	37	57	24	5
160/84A	58	92	76	38	58	25	5
165/88A	60	96	80	39	59	26	5
170/92A	62	100	84	40	60	27	5
175/96A	64	104	88	41	61	28	5

（3）西装类款分析及结构制图。
①依据款式图及规格尺寸进行西装类款分析；
②根据款式进行西装类款基码结构制图，如图4-18所示。

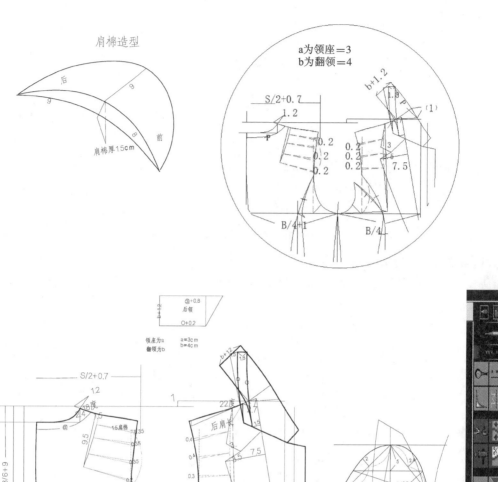

图4-18　西装类款结构制图

（4）西装类款样板制作及样板核验。

①在结构图的基础上进行样板制作；

②样板核验，如图 4-19 所示。

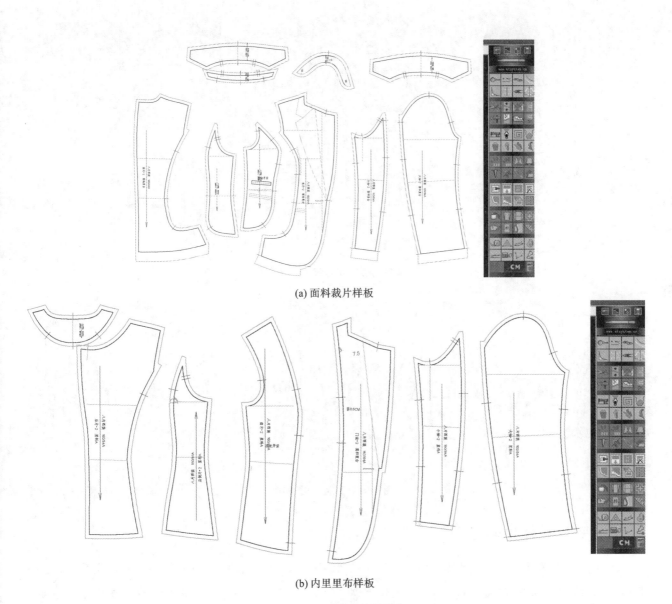

(a) 面料裁片样板

(b) 内里里布样板

图 4-19 西装类款样板制作

（5）西装类款系列样板制作。

根据题目所给服装款式图及规格尺寸表，在服装专用制版软件中进行号型编辑，显示的颜色分别为：155/80A 橙色，160/84A 黑色，165/88A 红色，170/92A 紫色、175/96A 蓝色，如图 4-20 所示。

（6）西装类拓展款。

请同学根据图 4-21 所示的西装类拓展款进行 ET CAD 结构制图、样板制作及推版制作。同学们，只有通过不断训练、实践，才能熟练应用专用软件进行纸样设计和生产。

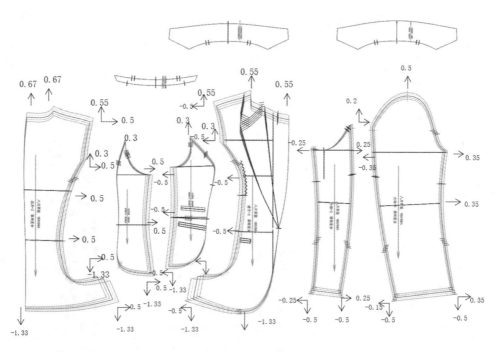

图 4-20　西装类款系列样板制作

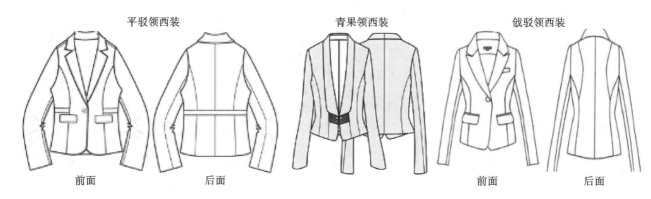

平驳领西装　　　　　　　青果领西装　　　　　戗驳领西装

前面　　　　　　　后面　　　　　　　　　前面　　　　　　　后面

图 4-21　西装类拓展款

三、学习任务小结

本次课主要学习了服装中级技能款 ET CAD 制版的方法和步骤。中级技能款主要有裙类款、裤类款、衬衫类款、西装类款等，希望大家课后多练习拓展款，为服装制版师中级技能实操打下良好基础。相信通过服装制版师中级技能款 ET CAD 制版的学习，同学们可以逐渐养成严谨、规范、细致、耐心的专业习惯。

四、课后作业

4 类中级拓展款 ET CAD 制版练习。

学习任务二　服装制版师高级技能款 ET CAD 制版

教学目标

1. 专业能力：能够运用 ET CAD 对服装进行制版，并熟悉 ET CAD 软件工具的使用方法和操作步骤及要求。

2. 社会能力：熟识 ET CAD 对服装企业制版的作用和意义。

3. 方法能力：能运用 ET CAD 对服装款式进行结构制图、样板制作及推版。

学习目标

1. 知识目标：熟悉 ET CAD 软件工具的使用方法，以及各种款制版过程和要求。

2. 技能目标：能熟练应用 ET CAD 完成服装结构制图、样板制作以及推版，并达到质量要求。

3. 素质目标：培养资料收集、整理和归纳能力，团队合作能力。

教学建议

1. 教师活动：教师通过展示 ET CAD 制版视频，帮助学生了解 ET CAD 制版的过程，激发学生学习 ET CAD 制版的热情，并引导学生深入探究 ET CAD 制版要领，从而能熟练运用 ET CAD 软件进行制版。

2. 学生活动：学生通过观看老师展示的 ET CAD 制版视频，强化对 ET CAD 制版软件的认知，并能通过训练熟练运用 ET CAD 软件进行连衣裙、旗袍、夹克衫以及羽绒服的制版和推版。

一、学习问题导入

各位同学,本次课我们继续学习 ET CAD 服装制版的相关知识。通过前面任务的学习,大家基本掌握了运用 ET CAD 完成服装中级技能款制版的方法和步骤,接下来我们要进行服装高级技能款 ET CAD 制版的学习。如图 4-22 所示,请同学们思考高级技能款如何用 ET CAD 进行制版。

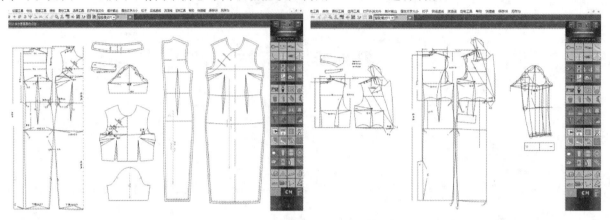

图 4-22 服装款式 ET CAD 制版图

二、学习任务讲解

1. 旗袍类款 ET CAD 制版

(1) 按照所提供的款式图(见图 4-23)完成以下操作。

旗袍

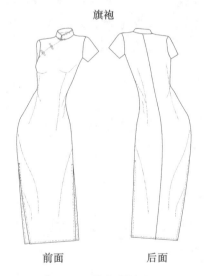

前面   后面

图 4-23 旗袍类款式图

(2) 旗袍类款规格尺寸表如表 4-5 所示。

单位:cm

表 4-5 旗袍类款规格尺寸表

号型	部位							
	后中长	胸围	腰围	肩宽	领围	袖长	袖口	袖肥
155/80A	110	88	70	37	37	20.5	28	30.8
160/84A	112	92	74	38	38	21	29	32
165/88A	114	96	78	39	39	21.5	30	33.2
170/92A	116	100	82	40	40	22	31	34.4

（3）旗袍类款分析及结构制图。

①依据款式图及规格尺寸进行旗袍类款分析；

②根据款式进行旗袍类款基码结构制图，如图4-24所示。

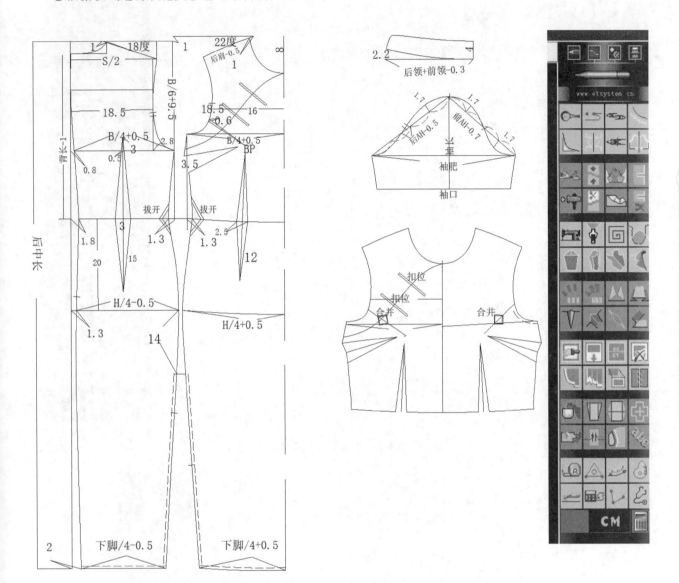

图4-24　旗袍类款结构制图

（4）旗袍类款样板制作及样板核验。

①在结构图的基础上进行样板制作；

②样板核验，如图4-25所示。

（5）旗袍类款系列样板制作。

根据题目所给服装款式图及规格尺寸表，在服装专用制版软件中进行号型编辑，显示的颜色分别为：155/80A 红色，160/84A 黑色，165/88A 绿色，170/92A 蓝色，如图4-26所示。

（6）旗袍类拓展款。

请同学根据图4-27所示的旗袍类拓展款进行 ET CAD 结构制图、样板制作及推版制作。同学们，只有通过不断训练、实践，才能熟练应用专用软件进行纸样设计和生产。

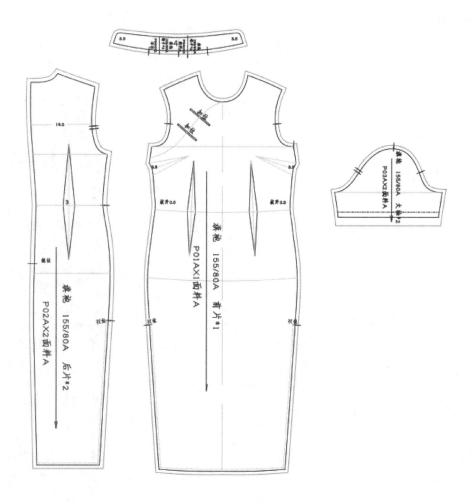

图 4-25　旗袍类款样板制作

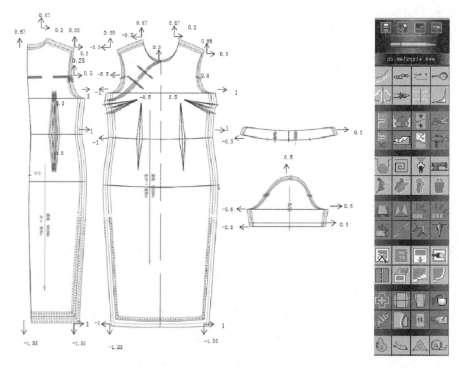

图 4-26　旗袍类款系列样板制作

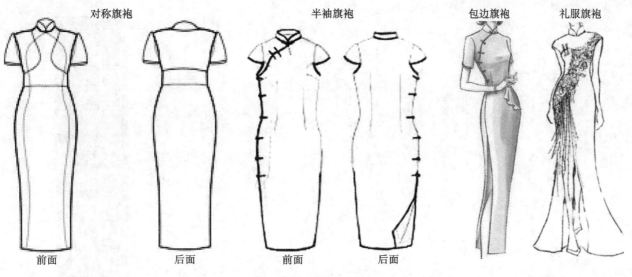

图 4-27　旗袍类拓展款

2. 戗驳领连衣裙类款 ET CAD 制版

（1）按照所提供的款式图（见图 4-28）完成以下操作。

前面　　　　　　　　　后面

图 4-28　连衣裙类款式图

（2）连衣裙类款规格尺寸表如表 4-6 所示。

表 4-6　连衣裙类款规格尺寸表　　　　　　　　单位：cm

号型	部位							
	后中长	胸围	腰围	肩宽	袖肥	袖长	袖口围	袖介英
155/80A	108	88	70	37	31.8	57	24	5
160/84A	110	92	74	38	33	58	25	5
165/88A	112	96	78	39	34.2	59	26	5
170/92A	114	100	82	40	35.4	60	27	5

（3）连衣裙类款分析及结构制图。

①依据款式图及规格尺寸进行连衣裙类款分析；

②根据款式进行连衣裙类款基码结构制图，如图 4-29 所示。

（4）连衣裙类款样板制作及样板核验，如图 4-30 所示。

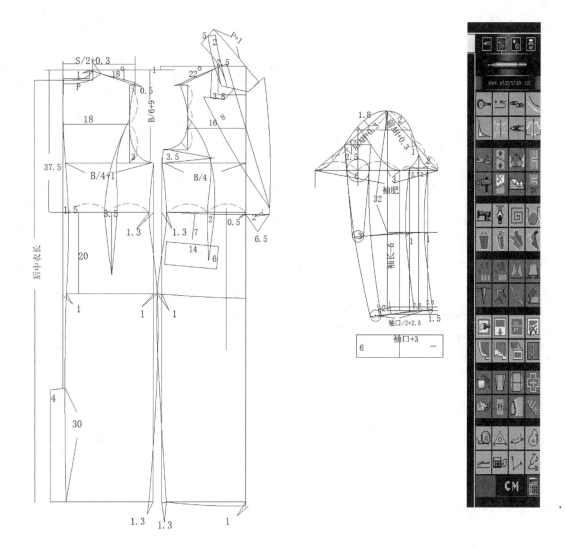

图 4-29　连衣裙类款结构制图

①在结构图的基础上进行样板制作；
②样板核验。

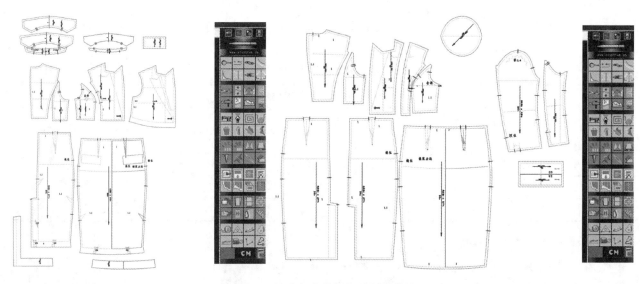

图 4-30　连衣裙类款样板制作及核验

（5）连衣裙类款系列样板制作。

根据题目所给服装款式图及规格尺寸表,在服装专用制版软件中进行号型编辑,显示的颜色分别为:155/80A 红色,160/84A 黑色,165/88A 绿色,170/92A 蓝色,如图 4-31 所示。

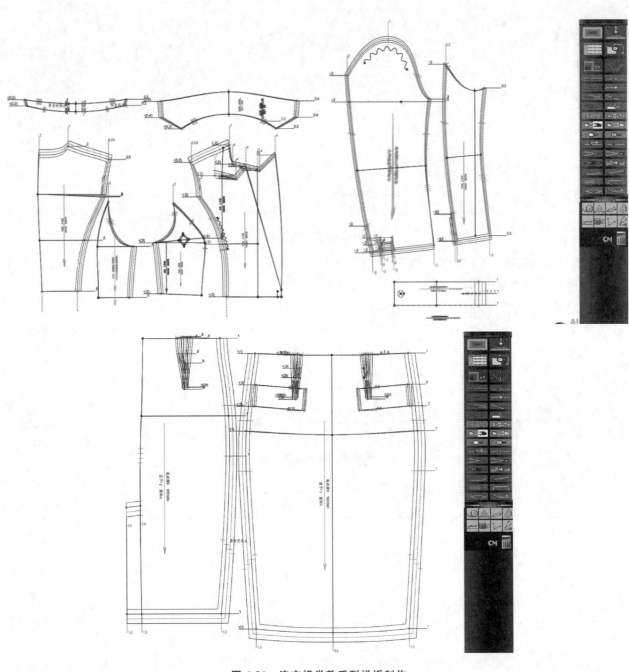

图 4-31　连衣裙类款系列样板制作

（6）连衣裙类拓展款。

请同学根据图 4-32 所示的连衣裙类拓展款进行 ET CAD 结构制图、样板制作及推版制作。同学们,只有通过不断训练、实践,才能熟练应用专用软件进行纸样设计和生产。

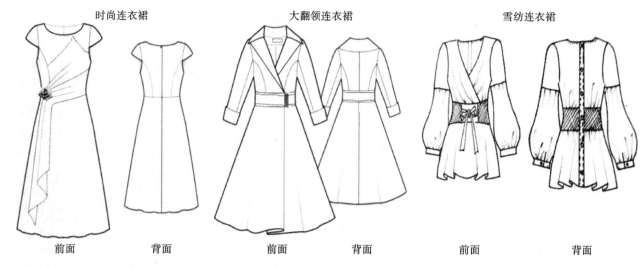

时尚连衣裙　　　　　　　大翻领连衣裙　　　　　　　雪纺连衣裙

前面　　　　背面　　　　　　前面　　　　背面　　　　　　前面　　　　背面

图 4-32　连衣裙类拓展款

3. 女式短夹克类款 ET CAD 制版

（1）按照所提供的款式图（见图 4-33）完成以下操作。

前面　　　　　　　　　后面

图 4-33　夹克类款式图

（2）夹克类款规格尺寸表如表 4-7 所示。

表 4-7　夹克类款规格尺寸表　　　　　　　　　　　　　　　　　单位：cm

号型	部位							
	后中长	胸围	下脚围	肩宽	领围	袖长	袖口围	袖介英
155/80A	52	90	82	38	37	57	20	5
160/84A	53	94	86	39	38	58	21	5
165/88A	54	98	90	40	39	59	22	5
170/92A	55	102	94	41	40	60	23	5

（3）夹克类款分析及结构制图。

①依据款式图及规格尺寸进行夹克类款分析；

②根据款式进行夹克类款基码结构制图，如图 4-34 所示。

（4）夹克类款样板制作及样板核验，如图 4-35 所示。

①在结构图的基础上进行样板制作；

②样板核验。

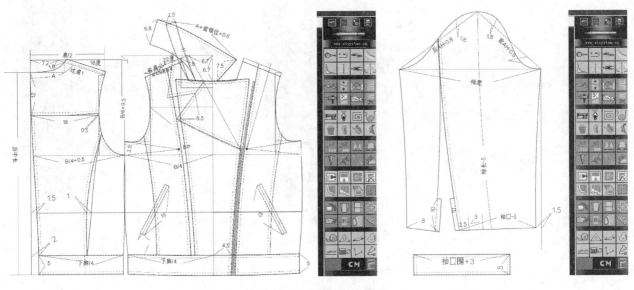

图 4-34　夹克类款结构制图

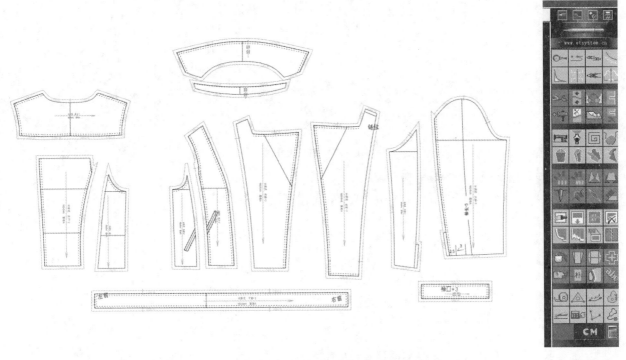

图 4-35　夹克类款样板制作及核验

（5）夹克类款系列样板制作。

根据题目所给服装款式图及规格尺寸表，在服装专用制版软件中进行号型编辑，显示的颜色分别为：155/80A 红色，160/84A 灰色，165/88A 绿色，170/92A 蓝色，如图 4-36 所示。

（6）夹克类拓展款。

请同学根据图 4-37 所示的夹克类拓展款进行 ET CAD 结构制图、样板制作及推版制作。同学们，只有通过不断训练、实践，才能熟练应用专用软件进行纸样设计和生产。

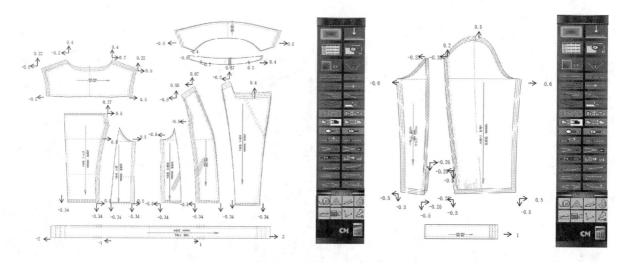

图 4-36　夹克类款系列样板制作

立领夹克

立领防风帽夹克

前面　　　　后面　　　　　　　前面　　　　后面

图 4-37　夹克类拓展款

4. 女式羽绒服类款 ET CAD 制版

（1）按照所提供的款式图（见图 4-38）完成以下操作。

前面　　　　　　　后面

图 4-38　女式羽绒服类款式图

（2）羽绒服类款规格尺寸表如表 4-8 所示。

表 4-8　羽绒服类款规格尺寸表　　　　　　　　　　　　　　　　　　　　　　单位:cm

号型	部位						
	后中长	胸围	腰围	肩宽	领围	袖长	袖口围
155/80A	110	94	81	39	52	59	27
160/84A	112	98	85	40	53	60	28
165/88A	114	102	89	41	54	61	29
170/92A	116	106	93	42	55	62	30

（3）羽绒服类款分析及结构制图。

①依据款式图及规格尺寸进行羽绒服类款分析。

②根据款式进行羽绒服类款基码结构制图，如图 4-39 所示。

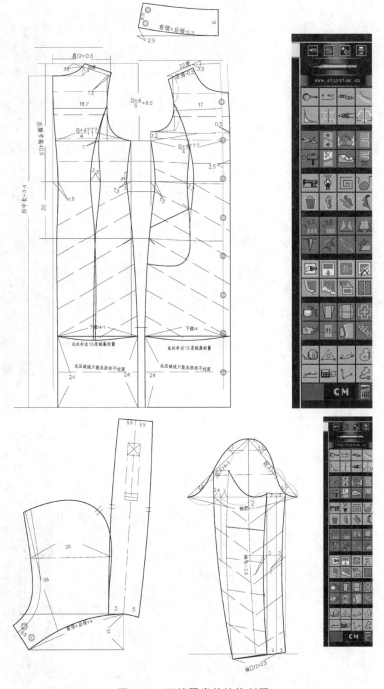

图 4-39　羽绒服类款结构制图

③羽绒服的纸样要点：它分为面料、里料、胆布，一般80♯羽绒充绒量按1平方米130克左右，袖子充绒量为衫身充绒量的75％。由于充绒后衣服相对蓬松，围度相对要加大、加长，要不尺码就不够。同时充绒胆布也要适当加大，一般大于面料板片的1.5％。

（4）羽绒服类款样板制作及样板核验。

①在结构图的基础上进行样板制作；

②样板核验，如图4-40所示。

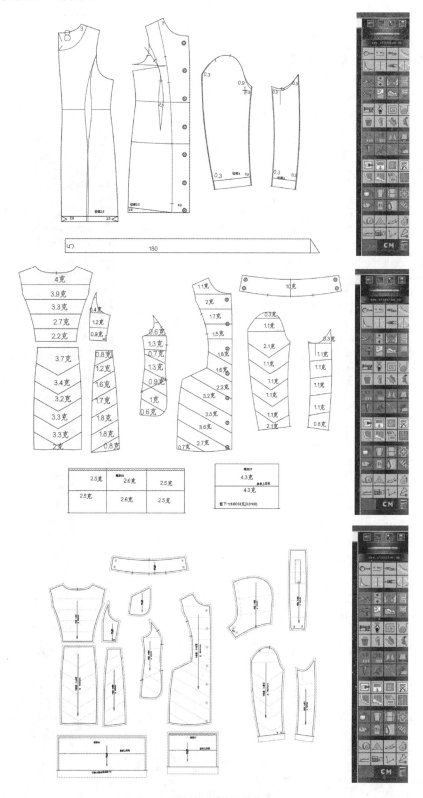

图4-40　羽绒服类款样板制作

（5）羽绒服类款系列样板制作。

根据题目所给服装款式图及规格尺寸表，在服装专用制版软件中进行号型编辑，显示的颜色分别为：155/80A 灰色，160/84A 绿色，165/88A 蓝色，170/92A 黄色，如图 4-41 所示。

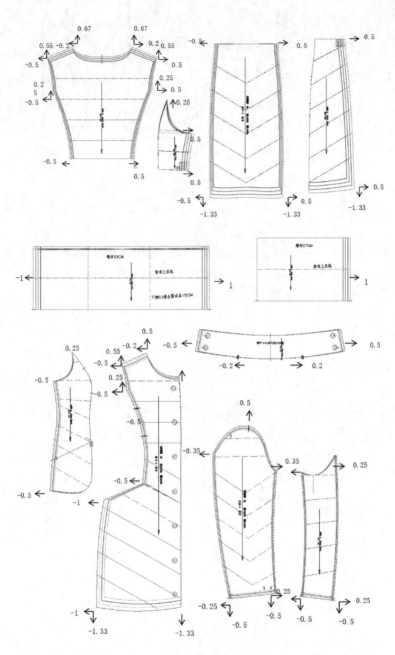

图 4-41　羽绒服类款系列样板制作

（6）羽绒服类拓展款。

请同学根据图 4-42 所示的羽绒服类拓展款进行 ET CAD 结构制图、样板制作及推版制作。同学们，只有通过不断训练、实践，才能熟练应用专用软件进行纸样设计和生产。

女羽绒长大衣　　　　　　　　女羽绒大衣　　　　　　　　女式宽身羽绒大衣

前面　　　　　　后面　　　　　　　前面　　　　　　后面　　　　　　　前面　　　　　　后面

图 4-42　羽绒服类拓展款

三、学习任务小结

　　各位同学，本次课主要学习了服装高级技能款 ET CAD 制版的方法和步骤。高级技能款主要有连衣裙、旗袍、夹克以及羽绒服等，希望大家课后多练习拓展款，为服装制版师高级技能实操打下良好基础。相信通过服装高级技能款 ET CAD 制版的学习，同学们可以逐渐养成严谨、规范、细致、耐心的专业习惯。

四、课后作业

　　4 类高级技能拓展款 ET CAD 制版练习。

项目五　博克 CAD 基本操作与制版实例

学习任务一　博克 CAD 基本原理与操作

教学目标

1. 专业能力：了解博克 CAD 的工作过程，熟悉系统操作模式，熟悉各种绘图工具的功能与用法。

2. 社会能力：培养图形记忆能力、运用专业术语沟通的能力、举一反三的学习能力。

3. 方法能力：培养善于观察和分析、操作软件工具的能力。

学习目标

1. 知识目标：能描述博克 CAD 工作过程、系统界面的功能与用法。

2. 技能目标：能运用博克 CAD 进行结构图绘制，并能正确进行放码与排版操作。

3. 素质目标：培养图形分析能力、沟通能力及审美能力。

教学建议

1. 教师活动：

(1) 通过展示博克 CAD 软件的操作及纸样制作的全过程，重点突出软件的智能化和便捷性，激发学生的学习兴趣。

(2) 介绍各模块与系统界面的功能，演示绘图、放码与排料等操作。

(3) 布置课堂及课后任务，指导学生完成任务，组织学生评价，并进行重难点分析与演示。

2. 学生活动：

(1) 学习博克 CAD 的工作过程、系统界面功能。

(2) 接受课堂与课后任务，使用博克 CAD 软件工具进行实践练习。

一、学习问题导入

各位同学,今天我们开始学习博克智能服装 CAD 系统(以博克智能定制服装云 CAD 系统 V22 版本为例)。该系统也是一款集制版、自动放码、排料生产等功能于一体的专业制版软件,请同学们仔细观察图 5-1 所示的博克 CAD(学习版)主界面,说出三个它与富怡系统主界面的不同点。

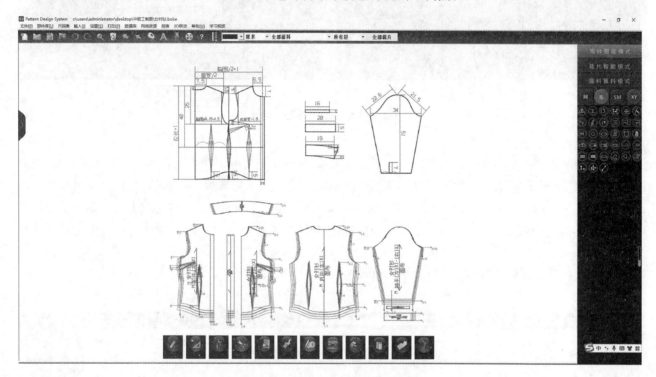

图 5-1　博克 CAD(学习版)主界面

二、学习任务讲解

博克智能服装 CAD 系统 V22 是由深圳市博克时代科技开发有限公司开发的新一代智能型服装 CAD 系统,可通过与其他系统集成,打通上下游数据,实现服装生产的定制化、柔性化和智能化。在硬件配置上有 Windows 7 及以上系统版本计算机、绘图仪、扫描仪、切割机。

1. 博克 CAD 的工作过程

打开软件—设置或导入尺码表—绘制结构图—生成裁片—放缝及工艺标注—纸样放码—排料—纸样输出。

2. 系统界面的操作

(1) 博克 CAD 系统安装好后,鼠标双击运行桌面程序快捷图标 ,就可以进入博克智能定制服装云 CAD 系统 V22 的启动主界面,在启动主界面有打开文档、上次文档、新建文档以及云素材库共四种启动模式图标。双击其中任一启动模式图标即可进入登录界面,在博克云进行登录或注册新的账号操作,如图 5-2 所示。

(2) 启动模式。

打开文档:用来打开保存过的文件。

上次文档:在非正常的关闭模式下系统突然关闭,通过执行上次文档命令,即可找到关闭前的文件内容。

新建文档:进入系统操作界面。

(3) 系统操作模式。

博克 CAD 系统下的操作有两种模式:智能模式下的操作和专用工具组下的操作。根据不同的操作习惯,可以选择智能模式下的操作,也可选专用工具组下的操作,当然基于一些复杂的板型设计需要,也可以将智能模式和专用工具相结合。

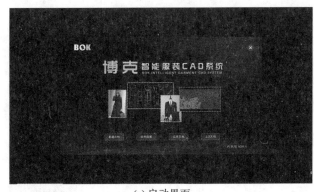

(a)启动界面

(b)登录界面

图5-2 博克CAD系统操作界面

①智能模式下的操作。

进入系统操作界面后,默认为智能模式,或鼠标左键单击系统专用工具组上面的"纸样智能模式"按钮进入智能模式,通过在操作界面空白处单击右键,则跳出一个下拉菜单选择工具按钮,如图5-3所示。单击博克智能服装CAD系统的纸样中心以及裁片中心后,系统操作区界面有一支智能笔,这支笔的功能是非常强大的,所谓的博克智能服装CAD系统下智能模式的操作,都是由这支笔结合一些快捷键以及右键功能来完成的。在智能模式下的操作过程中,系统会自动判断操作者的设计意图,根据操作的方式及不同对象,系统会自动实现绘图以及编辑等功能。智能模式中包含了结构设计所需要的绝大部分常用功能。

图5-3 智能模式操作界面

②专用工具组下的操作。

进入CAD系统的纸样中心以及裁片中心后,系统操作区右侧就是专用工具组,通过单击任意一项工具组,即可跳出数目不同的专业子工具,根据不同的操作意图、不同的操作对象,可选择相应的子工具进行操作。

(4)绘图功能用法。

①方框:在空白处按住左键拖动鼠标,然后松开左键,弹出数据设置对话框。根据需要在参数栏内输入相关数据,即可画出方框,如图5-4所示。

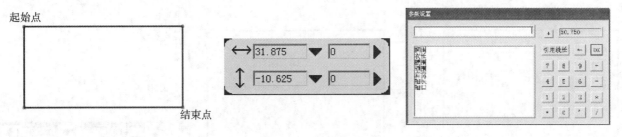

图 5-4　方框的绘制

②平行线:在参考线上按住左键拖动鼠标至目标侧松开左键,弹出数据设置对话框。根据需要在参数栏内输入平行线的根数和间距。单击间距设置也可进行多条平行线的绘制,如图 5-5 所示。

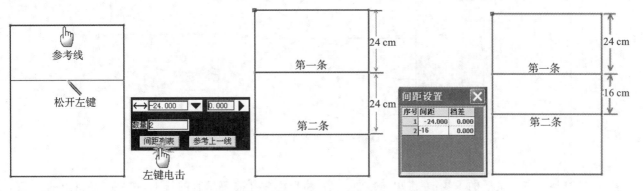

图 5-5　平行线的绘制

③直线:在空白处或点上单击左键确定直线的始端,在空白处或点上再次单击左键确定直线的末端,右键单击结束并输入有关数据。直线除了可以输入线长和档差外,还可以输入直线与水平方向的夹角,也可输入角度放码量,如图 5-6 所示。角度调用公式只修改基码的角度值,不参与自动放码。

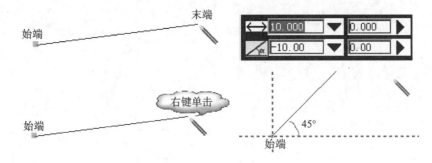

图 5-6　直线的绘制

④曲线:从任一点或空白处单击左键开始绘制曲线,根据需要移动鼠标并单击左键确定曲线点(可以在空白处或在已知的固定点上)绘制曲线的形状,按 Z 键可以产生转折点,确定最后一点右键结束,如图 5-7 所示。

图 5-7　曲线的绘制

⑤延长线:框选需要延长的线段,在延长一端单击左键,移动鼠标并单击左键确定,在弹出的对话框内输入相关的数据,即可画出该线的延长线(或缩短线段),如图 5-8 所示。

⑥相似线:单击键盘上的 E 键,点选参考线,点选对应始端,点选对应末端,右键单击退回智能模式,如图 5-9 所示。

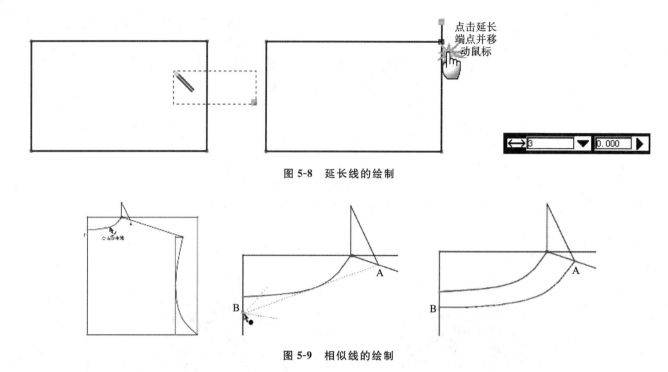

图 5-8　延长线的绘制

图 5-9　相似线的绘制

⑦垂线（见图 5-10）：

通过线外一点作某线的垂线：左键单击线外点后，将鼠标放在需要垂直的线上，按一下键盘上的 T 键，即可画出该线的垂线。

通过线上一点作该线的垂线：先左键单击线上该点，然后将鼠标放在线上单击键盘上的 T 键，然后移动鼠标画出该线的垂线。

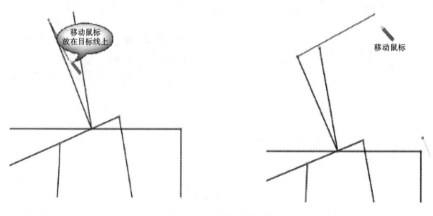

图 5-10　垂线的绘制

⑧切线（见图 5-11）：

由已知点开始取曲线的切线：单击已知点，光标移到目的曲线上按 R 键。

由曲线开始取切线：左键单击线上某点，然后将鼠标放在线上按一下键盘上的 R 键，移动鼠标到点、线或任意处单击左键结束。

⑨偏移点：从已知点开始按住左键拖动鼠标即可，分别输入水平、竖直或点距的偏移量，如图 5-12 所示。

⑩线上点：在 AB 线上靠近 A 端，单击左键，输入距离参考点的长度，如图 5-13 所示。

⑪等分（见图 5-14）：

等分线：将光标放在等分线段上，键盘按要等分的数字按钮即可。

等分线上两点：点选起点，光标放在线上按需要等分的数字，点选结束点。

等分自由空间内任意两点：点选开始点 A，光标放在结束点 B 上，按数字键即可。

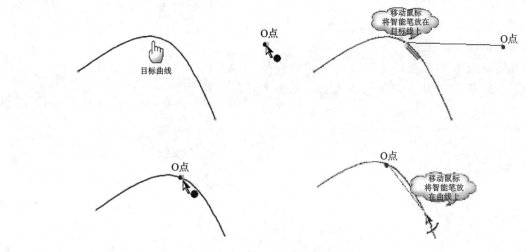

图 5-11 切线的绘制

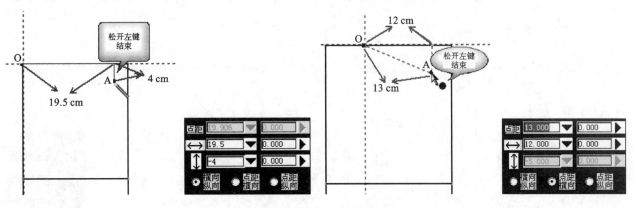

图 5-12 偏移点的绘制

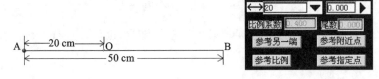

图 5-13 线上点的绘制

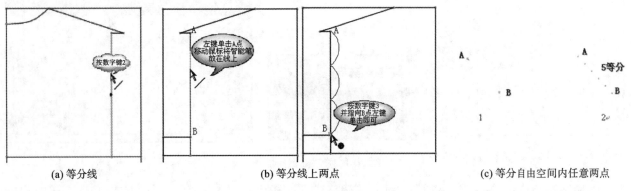

(a) 等分线　　　　　　　　(b) 等分线上两点　　　　　　(c) 等分自由空间内任意两点

图 5-14 等分的绘制

⑫交点:按住 X 键分别单击两相交的线,如图 5-15 所示。

⑬圆规(见图 5-16):

单圆规:单击已知点 A,移动鼠标至目标直线上 B 点,单击右键,输入点到线的长度数据。

双圆规:单击已知点 A,移动鼠标至 B 点,单击右键并拖动;移动鼠标至目标点 C 点,单击左键结束,最后输入两个半径的长度。

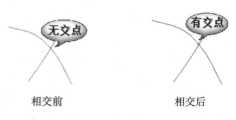

图 5-15 交点的绘制

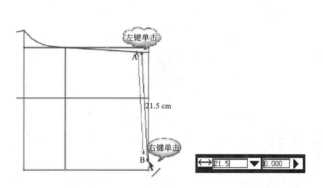
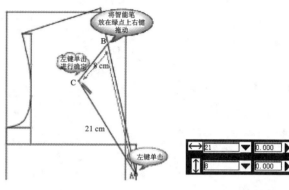

图 5-16 圆规的操作

(5)编辑功能用法。

①曲线调整:右键单击需要调整的线,左键拖动调整点或任意点即可调整曲线的形状,空白处单击右键确认,如图 5-17 所示。

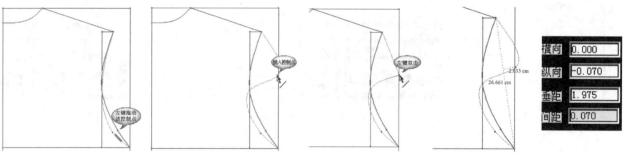

图 5-17 曲线调整的操作

②修改数据:在对象上单击右键,根据需要可以进行定量修改,也可以进行参数修改,如图 5-18 所示。

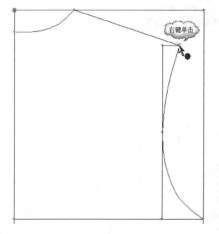

图 5-18 修改数据的操作

③调整线长:框选参考线,按住 Ctrl 键点选调整线靠近移动端,选择不同的调整方式,输入相关数据并确定,如图 5-19 所示。

140

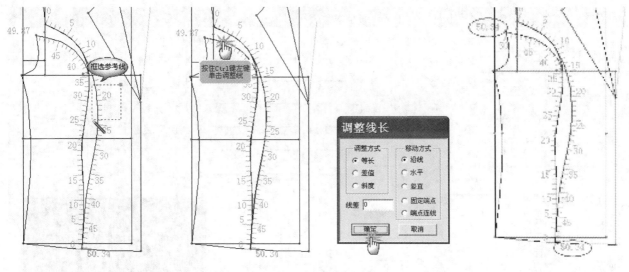

图 5-19　调整线长的操作

④线切割:按住 Q 键的同时点选切割线,按住 Q 键的同时点选被切割线保留端,如图 5-20 所示。

⑤线拼接:按住 P 键分别点选两条有公共交点的线段即可。

⑥线打断:单击 H 键(注意按一下即松开),在需要断开的线上任意位置单击左键,输入相关的数据确定该断开点具体位置即可,如图 5-21 所示。

图 5-20　线切割的操作　　　　　　　　　图 5-21　线打断的操作

⑦选取编辑:连续框选或第一条线框选以后点选对象,结束后单击右键,出现图 5-22 所示的功能选项。

图 5-22 所示功能操作如下:

生成裁片:按顺序选中的线条自动生成裁片。系统会提示选择内部线,点选或框选以后右键结束(如无内部线就直接按右键),然后进行裁片信息的设置,如图 5-23 所示。"内部线自动加剪口"选项:若内部线的端点在边沿上,则自动加剪口。

关联复制:复制一个同样的图形,与原图形有关联。

非关联复制:复制一个同样的图形,与原图形没有关联。

水平对称复制:水平对称复制一个与原图相同的图形,与原图没有关联。

竖直对称复制:竖直对称复制一个与原图相同的图形,与原图没有关联。

区域复制:复制一个封闭的框选区域。

旋转复制:先选择旋转中心,然后拖动任一点进行旋转。

对称复制:点选对称轴或对称点即可。连续选择两点即认为两点连线为对称轴,若在点上单击两次,则以该点对称。

平移复制:分别选择图形上的一点和平移后的对应点即可。

假缝复制:分别选择被复制的一点、复制到的对应点、被复制的另一点与该点的对应点即可,如图 5-24 所示。

旋转复制、对称复制、平移复制以及假缝复制的线为黄色,会随着原来线型的变化而变化。

图 5-22　选取编辑的操作

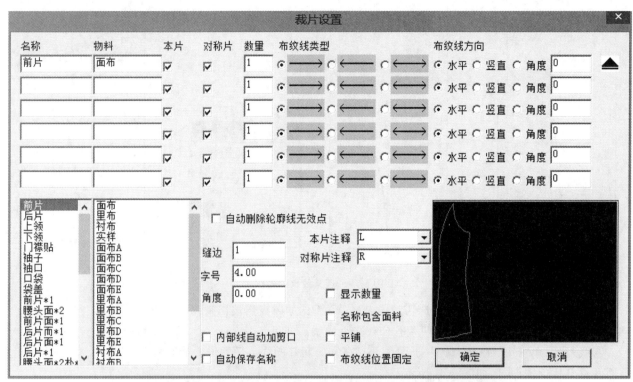

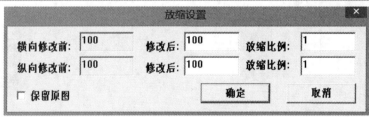

图 5-23　生成裁片的操作

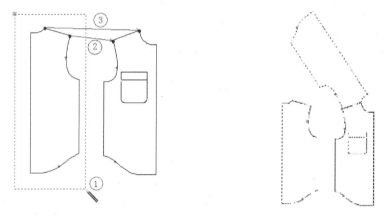

图 5-24　假缝复制的操作

修改线型：可以将选中的线型修改为虚线、波浪线等。

修改颜色：选好颜色后，框选要改变的对象，右键选修改颜色即可。

曲线控制点：设置该曲线控制点的个数。

角连接：框选需要角连接的直线，右键选择角连接即可，如图 5-25 所示。

接角圆顺：依次框选拼接线，依次框选缝合线，右键选择接角圆顺，左键调整拼接曲线形状，右键确定，如图 5-26 所示。

取交点：框选需要相交的线段，右键选择取交点即可。

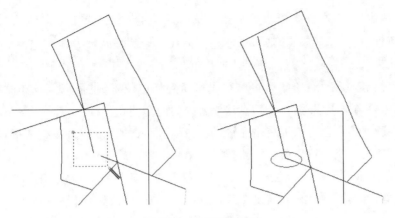

图 5-25 角连接的操作

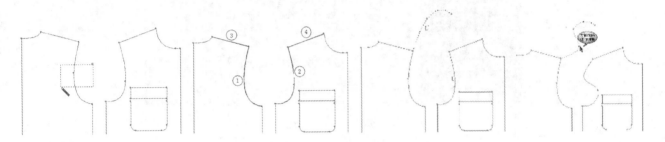

图 5-26 接角圆顺的操作

保存部件库:可以将框选的对象保存到部件库,需要输入名称,确定即可。

取消关联:框选的部分解除关联关系。

截图复制:框选的部分可以被复制到 Word 等其他软件内。

删除:将选中的对象删除。

取消:取消操作,恢复到智能模式初始状态。

(6)裁片智能模式。

裁片中心智能模式包含了裁片中心各个工具组的大部分功能,根据操作的方式及对象不同,分别可以实现缝边设置、剪口标记、工艺线及内部线设置、裁片分割、裁片旋转移动,以及点放码等各类处理。

①缝边标记(见图 5-27):

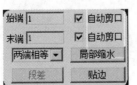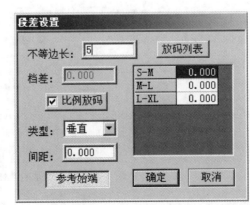

图 5-27 缝边标记的操作

缝边设置：直接点选裁片轮廓（净样）线，输入需要的缝边大小即可。

自动剪口：加缝边时自动加剪口。

系统默认为缝边两边相等，通过 ▾ 可以将缝边设置为两端不等或对折。两端不等时，可以分别设置始端和末端的宽度，还可以设置"段差"。始端与末端是根据裁片轮廓顺时针方向而定的。只要一个缝边设为"负"，则所有缝边默认为"负"且所有缝角类型为"延长角"。

②布纹线调整：可以点选布纹线始端后将布纹线移动到任何位置，也可以点选布纹线末端后任意调整布纹线的方向。如果需要与某直线平行，分别点选该直线的两个端点。

③剪口设置：在轮廓线上的已有点上单击左键，或者在轮廓线的任意位置单击右键，输入该点的距离即可，概括为"点左线右"。剪口类型可以通过"出口类型"单独设置。

④对位剪口：按住 H 键的同时，依次点选第一组对位剪口的轮廓线始端，右键结束；按住 H 键的同时，依次点选第二组对位剪口的轮廓线始端，右键结束；输入相关的剪口信息，如图 5-28 所示。

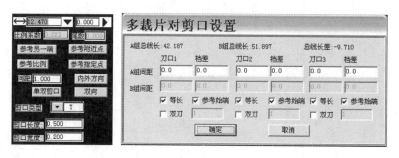

图 5-28　对位剪口的操作

⑤标记点设置：在裁片内部的点上单击左键即可。

⑥纽位设置：按住 N 键，直接单击线或连续单击两点，输入必要的纽位信息，确定即可。在同一个点上单击左键两次可以设置单个纽位。多个纽扣时如果不选择等分，可以通过间距列表设置不等距离，如图 5-29 所示。

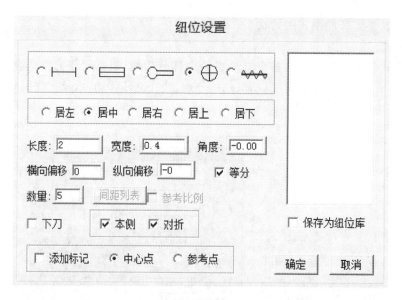

图 5-29　纽位设置的操作

⑦缝角处理：在裁片缝角处单击右键，选择相关缝角类型，根据提示进行下一步操作，如图 5-30 所示。

对折角：右键，选择对折角，点选对称边，输入对称轴长度，确定即可，如图 5-31 所示。

直角：右键，选择直角，点选本裁片垂直边靠近端，点选另一裁片垂直边靠近端，如图 5-32 所示。

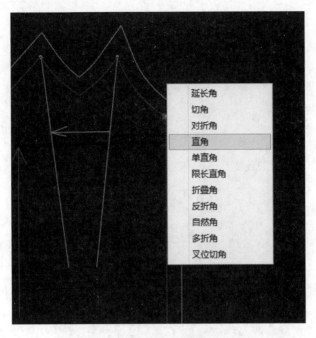

图 5-30 缝角处理的操作

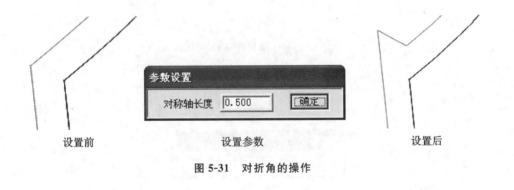

设置前　　　　　　　　　设置参数　　　　　　　　　设置后

图 5-31 对折角的操作

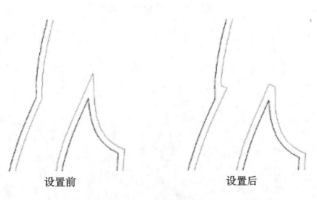

设置前　　　　　　　　　设置后

图 5-32 直角的操作

单直角:右键,选择单直角,点选垂直边靠近端,如图 5-33 所示。

限长直角:右键,选择限长直角,点选垂直边靠近端,输入尖点距离直角边的长度,确定,如图 5-34 所示。

折叠角:右键,选择折叠角,设置预留长度,确定,如图 5-35 所示。

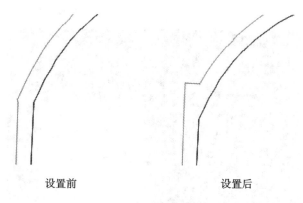

设置前　　　　　　　　　　　设置后

图 5-33　单直角的操作

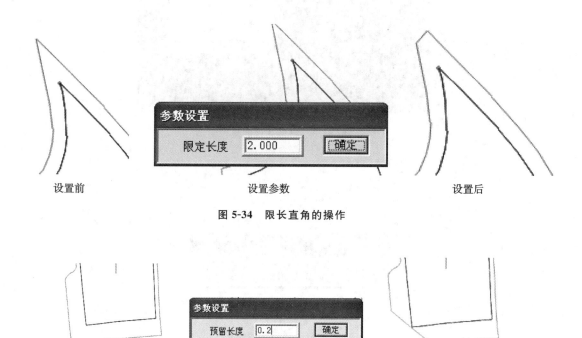

设置前　　　　　　　　　设置参数　　　　　　　　设置后

图 5-34　限长直角的操作

设置前　　　　　　　　　设置参数　　　　　　　　设置后

图 5-35　折叠角的操作

反折角:在参照裁片上(尖角位置)按右键,选择反折角,点选本裁片垂直边靠近端,点选另一裁片反折边靠近端,如图 5-36 所示。

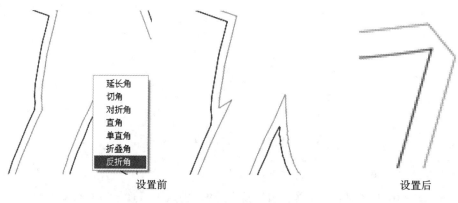

设置前　　　　　　　　　　　　　　　设置后

图 5-36　反折角的操作

⑧工艺线及内部线设置(见图 5-37)。

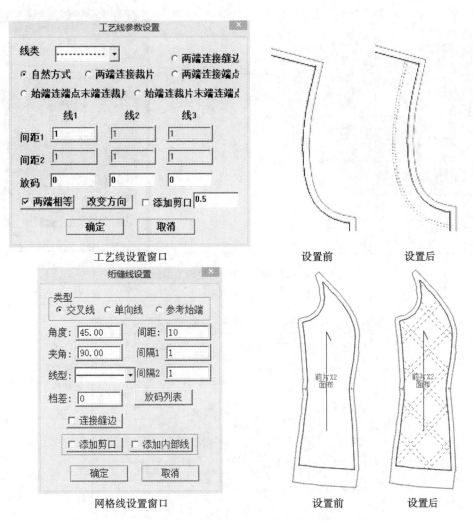

工艺线设置窗口　　　　　　设置前　　　　设置后

网格线设置窗口　　　　　　设置前　　　　设置后

图 5-37　工艺线及内部线的设置操作

添加内部线:点选需要添加的结构线即可,若同时按下 Ctrl 键则不做自动切断处理。如果没有显示结构线,可以选择■■工具。

删除内部线:点选需要删除的内部线即可。

增加工艺线:按住 G 键的同时,连续选择需要设置的轮廓线,右键结束并设置线型、间距等,确定即可。

增加网格线:按 W 键,在需要的裁片上单击左键即可,也可以选择转折点、曲线,对裁片的局部区域设置网格线。点选网格线可以重新对其进行设置。

⑨点放码:由空白处开始框选一个或多个放码点,选择放码类型,输入放码量即可。操作时对放码量相同的多点,可以按住 Shift 键框选已经放好码的点,点选或框选其他放码点,右键结束。放码量可以输入,也可以单击输入框后面的下拉键,选择相关公式。选择启用后,可以输入缩水率,对于缩水率较大的面料可以确保放码精确。

⑩自然方向放码类型操作:按照横向和纵向放缩,输入横向及纵向数据即可。如果需要不等差放码,则需要修改该规格的放码量。没有"一"号的表示右方向和上方向,加"一"号的表示左方向和下方向,如图5-38所示。

(7)排料算料模式。

①■■面料设置:用于设置面料属性,如图 5-39 所示。

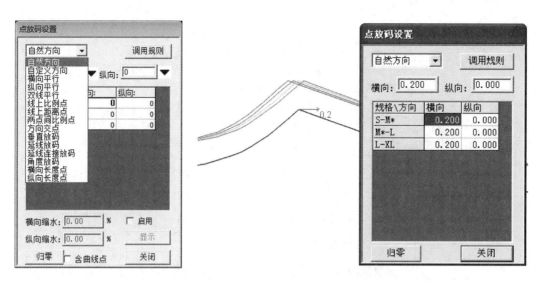

图 5-38　点放码与自然方向放码类型的操作

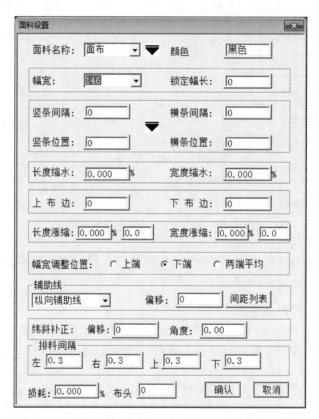

图 5-39　面料设置操作

面料名称:可以选择面布、里布、衬布等。

排料间隔:设置排料时裁片之间的间隔。

幅宽:设置面料的宽度。

锁定幅长:设置面料的长度。

横条间隔:设置纬纱方向的条格大小。

竖条间隔:设置经纱方向的条格大小。

横条位置:设置纬纱方向的条格起始位置。

竖条位置:设置经纱方向的条格起始位置。

长度缩水:设置经纱方向的缩水率。

宽度缩水:设置纬纱方向的缩水率。

上布边、下布边:设置布边的宽度,排料时为了省料可以使裁片压边一定的数量。

长度涨缩:设置裁片在经纱方向的涨缩率(为了节省面料可以输入负数,使所有裁片变小)。

宽度涨缩:设置裁片在纬纱方向的涨缩率(为了节省面料可以输入负数,使所有裁片变小)。

幅宽调整位置:设置已排料的面料幅宽变化时的改变方式,可以选择从上边、下边以及两边增减幅宽。

辅助线:设置辅助线的位置和方向。间隔输入后连续排列。纵向辅助线,可以输入不同间距。

纬斜补正:设置面料的纬斜大小,裁片可以根据该数据自动调整纬斜形状。

排料间隔:排料裁片间隙,可以设置四个方向的。

② **SML** 规格设置:设置各规格的件数和排料纱向,也可设置单床面料的幅宽。面料设置中若修改了幅宽,则所有床都修改。

1 ▼ 床号设置:设置不同的床号。系统默认从"1"开始,可以输入其他数字以产生不同的床号。选择不同的床号后可以实现分床排料,如图 5-40 所示。

删除某一个床号操作:选择此床,将光标移到排料区,按 Delete 键。

③ 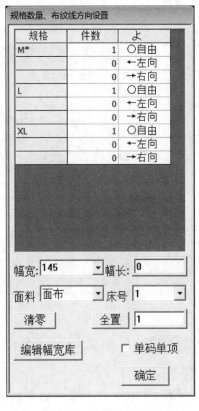 移动裁片工具:用以取裁片和放置裁片。

取裁片方式:

a. 双击裁片区的数字,该裁片自动放置到排料区。

b. 框选裁片区的数字,选中的裁片自动放置到排料区。

c. 点选裁片区的数字,移动鼠标到排料区,单击左键放置裁片。

放置裁片方式:

a. 移动裁片到目标位置,单击左键放置裁片,裁片自动向最近的裁片靠齐。

b. 选择裁片后,在排料区空白处按住左键拖动鼠标至目标方向,然后放开,裁片会自动向指定的方向靠齐。

c. 选择裁片后,单击键盘方向键,裁片会自动向指定的方向靠齐,按回车键确定放置。

图 5-40　床号设置操作

裁片方向调整:

a. 空格键:裁片旋转 180 度。

b.〈键:左右翻转。

c.〉键:上下翻转。

d. ←键:左旋转。

e. →键:右旋转。

f. ↑键:左旋转 90 度。

g. ↓键:右旋转 90 度。

h. Shift 键:任意旋转和微调。按住 Shift 键的同时点选裁片,出现设置窗口,如图 5-41 所示,单击相应选项进行旋转和微调。

i. 对折裁片可通过 T 键进行对折切换。

待排区:排料区虚线后以及排料区下部为待排区,裁片可以暂时放置于待排区,以方便裁片之间的位置调整。

图 5-41 裁片调整窗口

④ 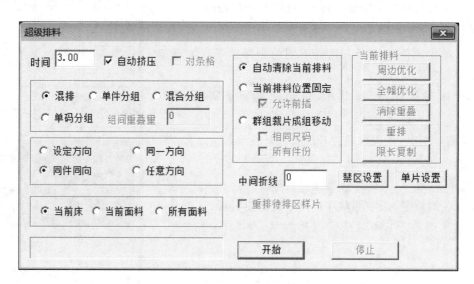 自带的超级排料:可根据要求来设置排料方式、方向、面料等,单击开始就在设定的时间里排好料,如图 5-42 所示。

图 5-42 超级排料窗口

⑤ 放大工具:放大或缩小排料图。使用方法有框选和滑动滚轮两种方式。该工具使用一次后会自动回到 工具。

⑥ 全幅宽显示:排料图以全幅宽方式显示。

⑦ 全幅长显示:排料图以全幅长方式显示。

⑧ 测量工具:可以通过连续点选任意两点测量间距。

⑨ 重叠检测:点选菜单"设置"—"排料设置"—"重叠检查",排料图中所有重叠的裁片可以以列表显示出来,关闭列表后,所有重叠的裁片以没有颜色状态显示。

⑩ 清空排料区:点选后排料区的所有裁片放回裁片区。

⑪ 清空待排区:点选后待排区的所有裁片放回裁片区。

⑫ 对条格工具:用于条格对位,分裁片对面料(方法一)和裁片对裁片(方法二)两种方法。

操作步骤:

方法一:a.在面料设置内设置条格宽度;b.选择对条格工具;c.点选裁片的剪口或转角;d.在排料区的目标位置单击左键;e.选择对格方式及水平和竖直位置,确定。

方法二:a.在面料设置内设置条格宽度;b.选择对条格工具;c.点选裁片的剪口或转角;d.在排料区的目标裁片上的剪口及转角位置单击左键;e.选择对格方式,确定。

⑬ 排料报告:显示排料长度、利用率、重量换算、成本等信息。

操作步骤：a.选择 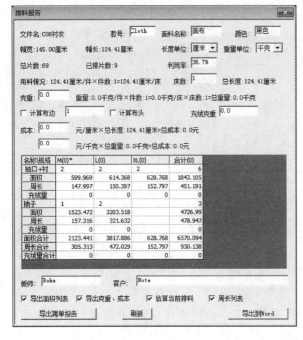 ；b.输入相关信息并选择刷新；c.单击"导出到 Word"，排料信息和缩略图会自动进入 Word 内，如图 5-43 所示。

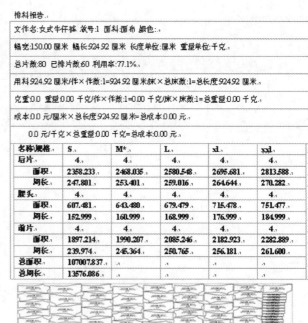

图 5-43　排料报告

三、学习任务小结

本次学习任务我们了解了博克智能服装云 CAD 系统的工作过程，熟悉了各界面的相关操作。同学们尤其要能描述纸样智能模式和裁片中心各工具栏或工具组的主要功能。重点学习纸样智能模式下智能笔等常用工具的操作步骤与方法。同学们对各种工具的用法需勤加练习，运用各种绘图、裁片与排料工具进行服装各类基础款的制图、制版、推版及排料，达到熟练操作。

四、课后作业

1. 请描述博克 CAD 的工作过程。

2. 在博克智能服装云 CAD 系统中创建新账号，并进行登录操作。

3. 请在博克 CAD 智能模式下运用智能笔正确绘制下列图形，并保存。

①画 20 cm 长直线、20 cm 长 45°斜线。

②画矩形，长 20 cm、宽 10 cm。

③在 20 cm 直线上取 6 cm 的点。

④将长 20 cm、宽 10 cm 矩形的一条边延长 5 cm。

⑤在 30°斜线上画垂线。

⑥画 20 cm 长任意斜线的平行线 2 条。

⑦过 20 cm 直线外一点画平行线，长 30 cm。

⑧把 20 cm 直线 3 等分，第一等分再 2 等分。

⑨画线上一点到另一线上定长 15 cm。

⑩绘制 26 个英文字母，尺寸不限。

可参考图 5-44。

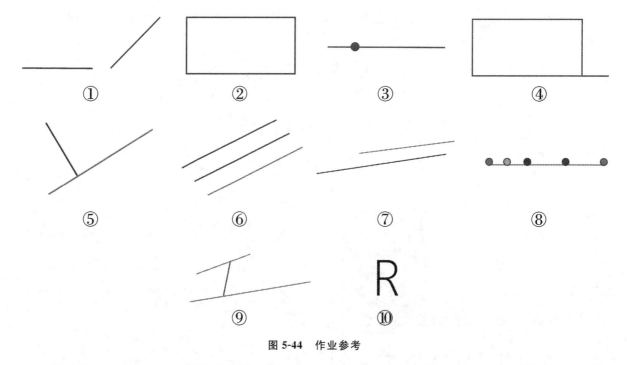

图 5-44　作业参考

4. 请根据所给 A 字裙款式图及规格尺寸表(见图 5-45 和表 5-1),运用博克 CAD 软件进行样板制作。

制作要求:

①输入规格尺寸表,标出基码(160/68A),并按基码绘制结构图,将结果保存;

②在结构图的基础上进行基础样板制作与系列样板制作(点放码),将结果保存;

③将所绘制的样板进行排料,面料使用率不低于 80%,排料准确,将结果保存。

图 5-45　A 字裙款式图

表 5-1　A 字裙规格尺寸表　　　　　　　　　　　　　　　　　　　　　　单位:cm

号型	部位		
	裙长	腰围	臀围
155/64A	38	64	86
160/68A	40	68	90
165/72A	42	72	94
170/76A	44	76	98

5. 请参考以下内容记忆快捷键的用法,并反复训练快捷键的使用,直至操作熟练。

文件处理快捷键:

Ctrl+N——新建　　　　　　　　Ctrl+S——保存

Ctrl+O——打开　　　　　　　　Ctrl+A——另存

显示快捷键:

＋——放大 　　　　　　　　　　　0——全部显示

－——缩小 　　　　　　　　　　　F9——全屏显示

F7——1：1 显示 　　　　　　　　鼠标滚轮——局部放大或缩小

纸样中心智能模式快捷键：

Ctrl＋右键——随意调整图形 　　　Q——切割线

P——线拼接 　　　　　　　　　　H——线断开

V——线上画尖省 　　　　　　　　W——点上画菱形省

N——插入省 　　　　　　　　　　E——相似曲线

O——画圆形 　　　　　　　　　　Shift＋O——画椭圆

X——求交点 　　　　　　　　　　T——垂线

A——相切辅助线 　　　　　　　　Shift＋A——横纵辅助线

M——测量 　　　　　　　　　　　Alt＋左键——线上插入量（用于泡泡袖）

Esc——取消当前操作 　　　　　　Backspace——取消曲线上一点

裁片中心智能模式快捷键：

C——调整网状图 　　　　　　　　G——工艺线

W——网格线 　　　　　　　　　　N——纽位

H——两组缝边对剪口

Shift＋框选点——复制放码点

Ctrl＋左键点选剪口——调整剪口方向

Shift＋左键点选剪口/孔位/内部线——对折切换

Shift＋右键点选剪口——修改剪口参数

Ctrl＋左键点选内部线——切割裁片

显示设置快捷键：

Ctrl＋G——全部网状图 　　　　　Ctrl＋J——净毛网状图

Ctrl＋F——全部缝边 　　　　　　Ctrl＋P——显示端点

Ctrl＋L——显示隐藏线 　　　　　Ctrl＋D——显示线长

Ctrl＋V——显示变量 　　　　　　Ctrl＋M——反走样

Ctrl＋X——显示裁片名称 　　　　Ctrl＋B——显示缝边量

排料系统快捷键：

空格键——裁片旋转 180 度 　　　〈键——左右翻转

〉键——上下翻转 　　　　　　　←键——左旋转

→键——右旋转 　　　　　　　　↑键——左旋转 90 度

↓键——右旋转 90 度

Shift 键——任意旋转和微调

学习任务二　服装制版师中级技能款博克 CAD 制版

教学目标

1. 专业能力:通过对裤装、POLO 衫与衬衫类产品的款式分析,运用博克 CAD 软件演示它们的样板制作过程,使学生熟悉并掌握此类款式的样板绘制步骤与技巧。

2. 社会能力:培养学生独立工作的能力和与他人正常交往的能力。

3. 方法能力:使学生具备良好的观察能力、思维能力以及想象能力。

学习目标

1. 知识目标:能正确描述运用博克 CAD 软件对裤装、POLO 衫与衬衫类款式进行系列制版的过程和要求。

2. 技能目标:能熟练运用博克 CAD 软件完成裤装、POLO 衫与衬衫类服装款式的制图、样板制作以及推版任务,并达到质量要求。

3. 素质目标:具备良好的资料收集、整理、归纳能力与沟通能力。

教学建议

1. 教师活动:演示或播放裤装、POLO 衫与衬衫类款式博克 CAD 制版过程,帮助学生了解博克 CAD 制版的全过程,提高学生学习博克 CAD 的热情,并引导学生进行模拟及拓展训练,深入掌握博克 CAD 制版步骤和要求,达到中级服装制版师操作水平。

2. 学生活动:观看教师演示,熟悉裤装、POLO 衫、衬衫类服装博克 CAD 制版的操作步骤与工具使用,模拟教师操作,巩固知识与操作技能,并通过拓展训练,达到中级服装制版师操作水平。

一、学习问题导入

各位同学,大家已熟悉了博克 CAD 软件的各类工具操作方式,下面我们将学习运用博克 CAD 软件进行裤装、POLO 衫与衬衫类款式的制版。请同学们通过博克制版软件智能纸样模式下智能笔的操作,说说智能笔主要有哪些功能。

二、学习任务讲解

1. 女西裤博克 CAD 制版

1)任务内容

（1）根据所给女西裤款式图（见图 5-46）及规格尺寸表（见表 5-2）进行产品款式分析,在博克 CAD 软件中输入规格尺寸表,标出基码,并按基码绘制结构图。

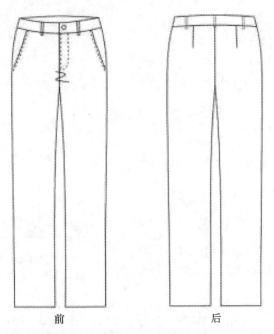

前　　　　　　后

图 5-46　女西裤款式图

表 5-2　女西裤规格尺寸表　　　　　　　　单位:cm

号型	部位				
	裤长	上腰围	臀围	立裆长	裤口围
155/66A	101.5	69	88	22	19.4
160/68A	103	71	92	22.5	20
165/70A	104.5	73	96	23	20.6
170/72A	106	75	100	23.5	21.2

（2）将款式分析及结构图绘制的结果保存在文件夹中,文件名:FZZBS1-1。

（3）女西裤样板制作:在结构图的基础上进行样板制作。

操作要求:

①在结构图的基础上拾取基码的全套面布纸样。

②编辑款式资料和纸样资料,包括款式名、码数、纸样名称、份数、布料名、布纹设定等,并设置将资料显示在纸样中布纹线上下。

③给纸样加上合理的缝份、剪口、钻孔、眼位等标记并调整其布纹线。

④将基础样板制作的结果保存在文件夹中，文件名：FZZBS1-2。

（4）女西裤系列样板制作。

操作要求：

①运用博克CAD软件进行号型编辑，显示的颜色分别为：S码红色，M码黑色，L码绿色，XL码蓝色。

②使用点放码方法给所绘制的所有纸样放码。

③显示放码网状图，并标注出各放码点的XY放缩码量。

④在系列样板上显示出布纹线及款式名、码数、纸样名称、份数、布料名、缝份、标记等。

⑤将系列样板制作结果保存在文件夹中，文件名：FZZBS1-3。

2）款式分析

本裤款使用无弹性薄型面料，造型为女装西裤基础型，基码设置为160/68A。臀围92 cm，放松量3 cm（人体净尺寸89 cm）；中腰裤的位置在人体腰节线下3.5 cm，裤腰为弧形腰，实际上腰围长为71 cm，下腰围长为76cm，腰宽4 cm；立裆长设置为22.5 cm（人体尺寸为20 cm）；膝围设置为22 cm（人体尺寸19 cm），裤口围20 cm（人体尺寸12 cm）。（女西裤结构设计如图5-47所示）

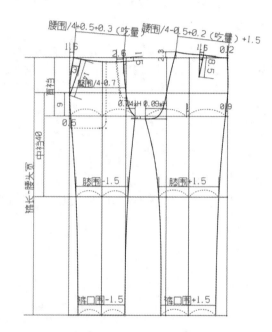

图5-47 女西裤基码结构图

3）博克CAD结构制图

（1）建立尺码表。

在智能纸样模式下建立女西裤尺码表，标出基码（160/68A），如图5-48所示。

（2）绘制女西裤前片。

①前片基础线。

矩形：单击智能笔工具，拖动鼠标在绘图区内画矩形框，在弹出的对话框内通过单击相应部位进行计算

部位\规格	档差	S	M*	L	XL
裤长	1.5	101.5	103	104.5	106
上腰围	2	69	71	73	75
臀围	4	88	92	96	100
立裆长	0.5	22	22.5	23	23.5
腰头宽	0	4	4	4	4
裤口围	0.6	19.4	20	20.6	21.2
膝围	0.8	21.2	22	22.8	23.6
下腰围	2	74	76	78	80

图5-48 女西裤尺码表操作

公式输入(横向:裤长－腰头宽。纵向:"臀围/4－0.7"),完成数据计算,单击"OK"键完成,确定腰口线基础线与裤口线。

横档线:智能笔按住矩形右竖线向右拖动作平行线,在弹出的对话框内单击"立档长",单击 OK 完成。

臀围线:智能笔按住横档线向左拖动作平行线,在弹出的对话框内输入参数"9",单击"OK"完成。

膝围线:智能笔按住臀围线向右拖动作平行线,在弹出的对话框内输入参数"40",单击"OK"完成。

前档线:智能笔框选横档线单击端点向上微移,单击左键,在弹出的对话框内输入公式 0.04×臀围,单击"OK"完成。

女西裤基础线如图 5-49 所示。

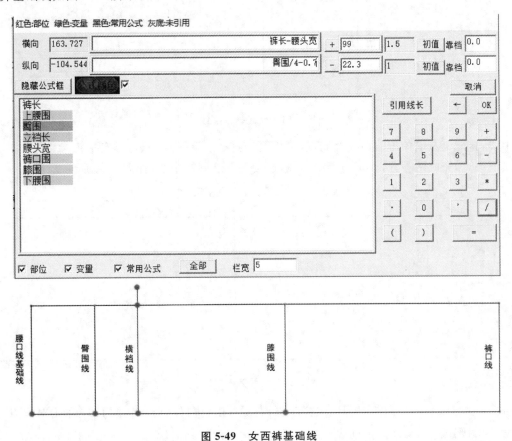

图 5-49　女西裤基础线

②前档线:智能笔左键按住腰口线顶点向框内斜向拖动进行点偏移操作,在对话框内输入参数(↔1.5,↕－1),确定前腰顶点;左键依次单击前腰顶点、臀围线上端点与前档宽上端点形成弧线,右键单击该弧线任意一点至线条变成绿色,左键按住线条相应点进行弧度调整,右键单击空白处完成,如图 5-50 所示。

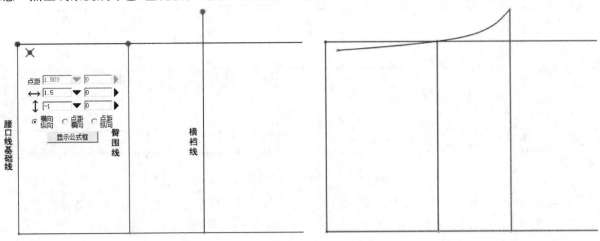

图 5-50　女西裤前档线

③前腰线：智能笔单击前腰顶点，光标移动到腰口线基础线上单击右键，弹出对话框，数据框输入公式"腰围/4＋0.5＋0.3"，智能笔右键单击线条上任意一点，线条颜色变成绿色，调整腰口弧线，右键单击空白处完成，如图5-51所示。

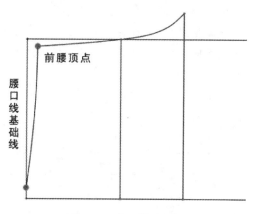

图 5-51　女西裤前腰线

④裤中线：智能笔左键单击前裆线上端点，再放置在立裆线上任意一点，键盘输入参数"2"，再移动鼠标单击立裆线下端点，完成两等分，确定横裆线中点，连接各点绘制裤中线，如图5-52所示。

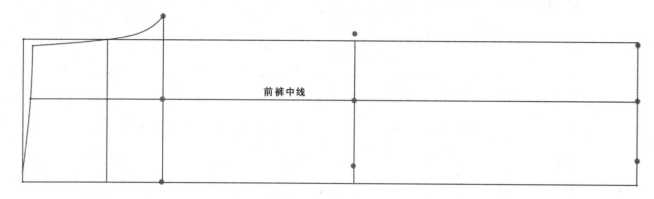

图 5-52　女西裤裤中线

⑤下裆线与侧缝线：选择对称点工具（选择步骤：右键单击空白处，选择其他工具，单击对称点工具 ▨)，单击膝围线与裤中线交点，移动鼠标到线上单击鼠标左键，弹出对话框，输入公式"(膝围-1.5)/2"与"(裤口围-1.5)/2"。智能笔连接前裆点、前膝围点、前裤口点，画顺下裆线；智能笔连接前腰围侧点、臀围侧点、膝围点、裤口点，画顺侧缝线，右键单击空白处完成，如图5-53所示。

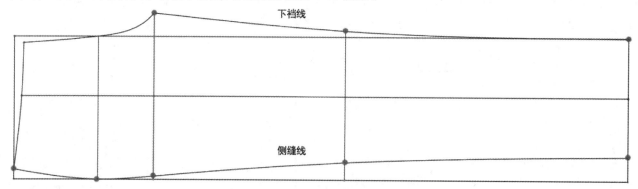

图 5-53　女西裤下裆线与侧缝线

⑥门襟线、里襟线：智能笔在腰口线上距前腰顶点"2.6"定点（点移动），再距前腰顶点沿前裆线16cm（门襟长）定点，连接该两点，调整弧度，画出门襟线；用同样的方法画出里襟线（分别输入参数"3""17"），如图5-54所示。

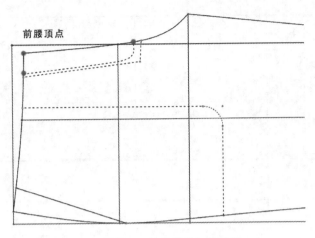

图 5-54　女西裤门襟线与里襟线

⑦袋口线、袋布线:智能笔在腰口弧线上(靠近前腰口线下端点)任意一点单击左键,弹出对话框,输入参数"3"定点,右键结束,鼠标单击该点,光标移动到侧缝线上单击右键,弹出对话框,输入口袋参数,单击右键结束;在腰口与侧缝线上分别取袋布宽与长定点,使用点偏移工具 🔡 画出袋布辅助线,再单击圆角工具 🔳,移动光标分别点选口袋直角的两边,调整为圆角,右键确定完成,如图 5-55 所示。

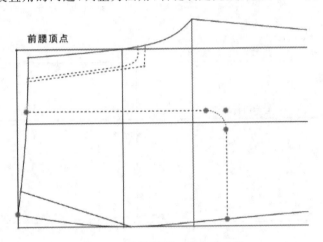

图 5-55　女西裤袋口线与袋布线

(3) 女西裤基础款后片制图。

①后片基础线:智能笔延长前片腰口基础线,长度大于后直裆长;鼠标左键按住后腰口线上端点(点偏移功能),拉出垂直线条连接前裤口上端点,再分别延长前臀围线、横裆线、膝围线,完成后片基础线绘制,如图 5-56 所示。

②后裆线辅助线:以臀围线与后侧缝基础线交点为起点,沿臀围线向下 H/4+0.7+0.3 定点,按住后侧缝基础线拖动作平行线至该点,松开鼠标完成。

③后裆线:单击横裆线上任意一点(靠近横裆线与后裆线辅助线的交点下端),在弹出的对话框内输入公式臀围×0.09,右键确定后裆点,再按住该点向右向上进行智能笔点偏移(输入参数"1"),右键完成绘制。

④后裤中线:单击等分工具 🔳,分别单击横裆线上端点与横裆线下端点,确定横裆线中点;智能笔工具在该点上移(输入参数"1")定点,在此点作后裆线辅助线平行线,右键完成绘制,如图 5-57 所示。

⑤后侧缝线与后下裆线:使用对称点工具 🔳(右键单击空白处,选择其他工具,选择对称点工具),单击膝围线与裤中线交点,移动鼠标到线上,单击鼠标左键,弹出对话框,输入参数(膝围+1.5)/2 与(裤口围+1.5)/2。智能笔工具连接后裆点、后膝围点、后裤口点,画顺后下裆线;连接后腰围侧点、后臀围侧点、后膝围点、后裤口点,画顺后侧缝线(横裆线收进 0.9 cm,腰口线收进 0.2 cm),右键单击空白处完成,如图 5-58 所示。

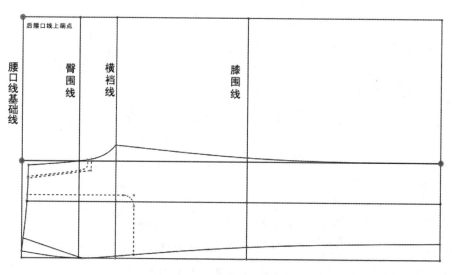

图 5-56　女西裤后片基础线

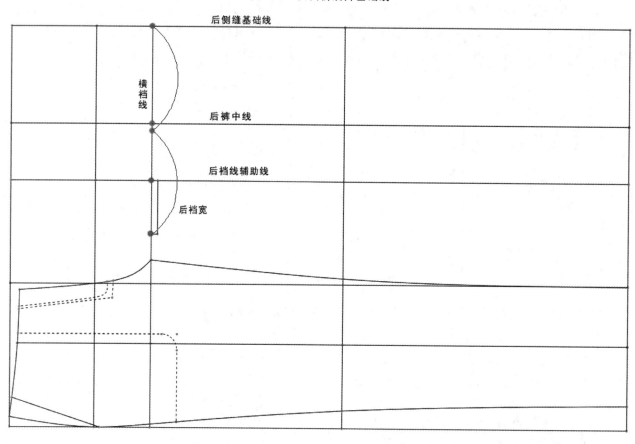

图 5-57　女西裤后裆线辅助线、后裆线与后裤中线

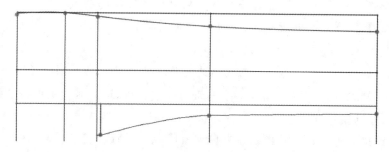

图 5-58　女西裤后侧缝线与后下裆线

⑥后腰口线：智能笔左键按住腰口基础线向左拉出平行线，左键松开，在弹出的对话框内输入参数"2.3"，从外侧腰口端点单击左键拉出斜线，相交于平行线上任意一点，单击右键，在弹出的对话框中输入公式（下腰围/4－0.5＋0.2＋1.5），完成绘制。

⑦后裆弧线：智能笔从腰口末端连接臀围线与臀宽线交点，再连接大裆末端，画出后裆弧线，调整弧度，如图 5-59 所示。

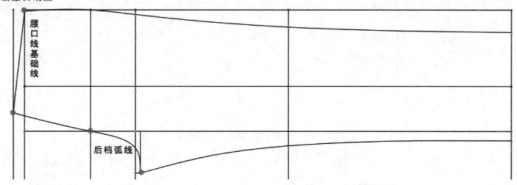

图 5-59　女西裤后腰口线与后裆弧线

⑧省道：智能笔放在后腰口线的中点，按快捷键"V"，移动鼠标后单击左键，弹出省道设置对话框，省量输入参数"1.5"，省长输入参数"8.5"，选择"双向"，单击确定完成。

⑨调整腰口线：智能笔分别选择外侧腰口线、内侧腰口线、外侧省线、内侧省线，单击鼠标右键，弹出选择菜单，选择"接角圆顺"，左键单击腰口线变色，调整腰口线顺滑，右键完成，如图 5-60 所示。

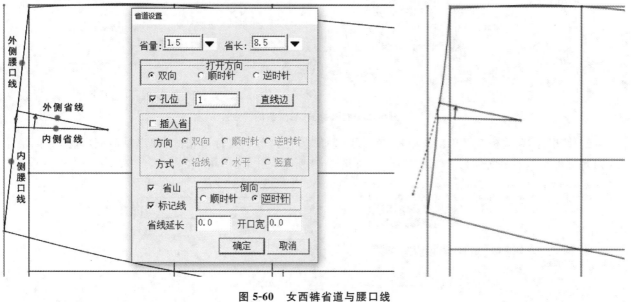

图 5-60　女西裤省道与腰口线

（4）女西裤腰头制图。

①后腰头：智能笔工具分别进行后侧缝线和后裆弧线的延长线操作（参数输入"4"），选择后裆弧线延长线和内侧腰口线，右键单击弹出选择菜单，选择"假缝复制"，单击内侧腰口线与内侧省道线端点，连接省道口另一端点，再左键单击省尖端点两次，完成假缝复制，连接画出上腰口线（参数输入"17"）。

②前腰头：智能笔工具分别进行前侧缝线和前裆弧线的延长线操作（参数输入"4"），连接两点画出上腰口线（参数输入"18.5"），如图 5-61 所示。

③全腰头：智能笔选择后腰头，单击鼠标右键弹出菜单，选择"假缝复制"，分别连接后腰头外侧上端点与前腰头外侧上端点、后腰头外侧下端点与前腰头外侧下端点，完成拼合，再调顺弧度；智能笔依次单击腰头的各个线段，右键单击弹出选择菜单，选择对称复制，最后在腰头门襟处画出纽扣量（参数输入"3"），完成绘制，如图 5-62 所示。

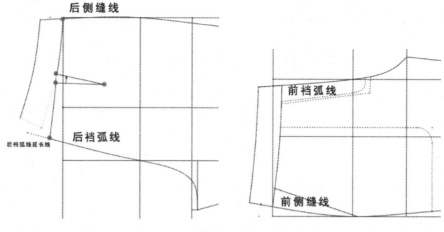

图 5-61　女西裤后腰头与前腰头

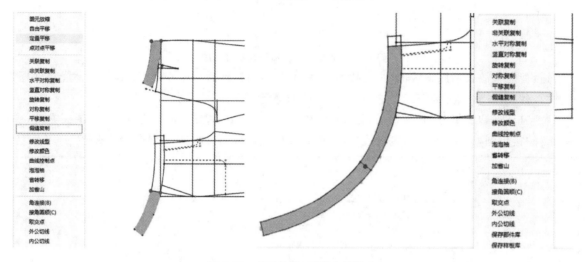

图 5-62　女西裤前、后腰头的拼合

（5）结果保存：鼠标左键单击菜单栏"文件"，选择"另存为"，单击标准格式，弹出对话框，选择保存路径"女西裤文件夹"，更改文件名为"FZZBS1-1"，如图 5-63 所示。

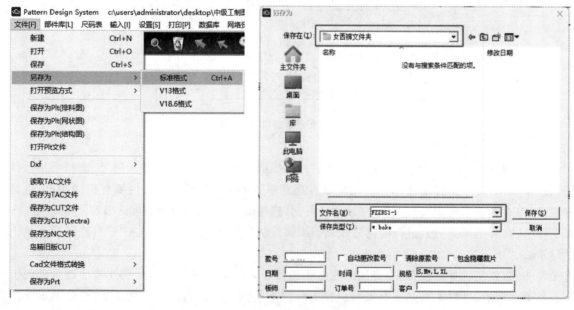

图 5-63　女西裤结构制图结果保存

4）女西裤样板制作

（1）生成裁片：以女西裤前片为例，智能笔依次点选前裆线、内侧缝线、脚口线、外侧缝线、袋口线、腰口线，形成闭合路径，单击右键弹出选择菜单，选择生成裁片；光标会提示选择内部线，再依次选门襟线、膝围线、裤中线，选择完毕后单击鼠标右键，弹出裁片设置对话框，输入相关参数，单击"确定"完成。

后片、腰头的裁片生成与前片操作步骤相同，此处不再赘述。

女西裤裁片如图 5-64 所示。

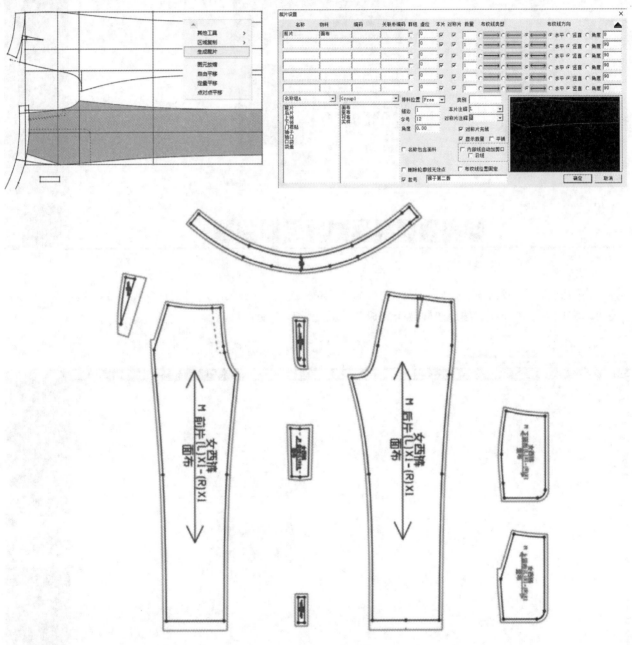

图 5-64　女西裤裁片生成

（2）结果保存：将基础样板制作的结果保存在女西裤文件夹中，文件名：FZZBS1-2。

5）女西裤系列样板制作

（1）设置网状图颜色：菜单栏选择设置—颜色设置—网状图颜色，选择号型对应颜色，颜色分别为：155/66A 红色，160/68A 黑色，165/70A 绿色，170/72A 蓝色，如图 5-65 所示。

（2）点放码操作：以前横裆点为首个放码点，裁片智能模式下，单击显示规格按钮 ，在弹出的对话框里单击"全显"，显示所有号型，再单击显示网状图按钮 ，显示所有号型网状线。单击点放码工具 ，左键

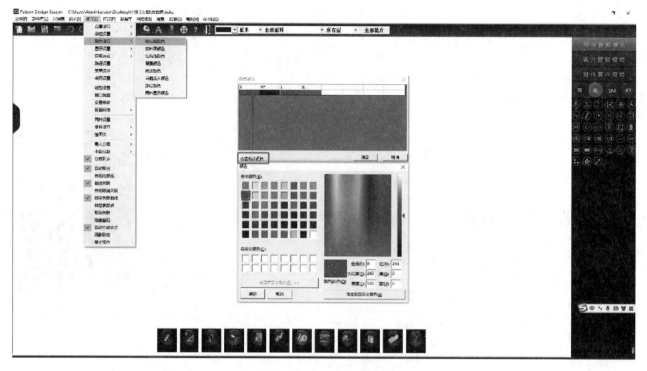

图 5-65　设置网状图颜色

单击前横裆点,弹出对话框,选择"自然方向",输入参数(横向"0.5",纵向"0"),如图 5-66 所示,鼠标单击"关闭",完成点放码操作。按此步骤逐个完成裁片其他放码点的点放码操作。

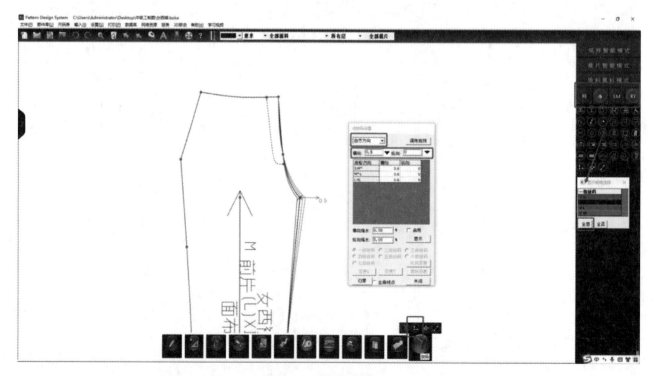

图 5-66　前横裆点点放码

(3)显示放码量:单击显示放码量按钮 XY,显示放码点的放码量,如图 5-67 所示。

(4)结果保存:将系列样板制作结果保存在女西裤文件夹中,文件名:FZZBS1-3。

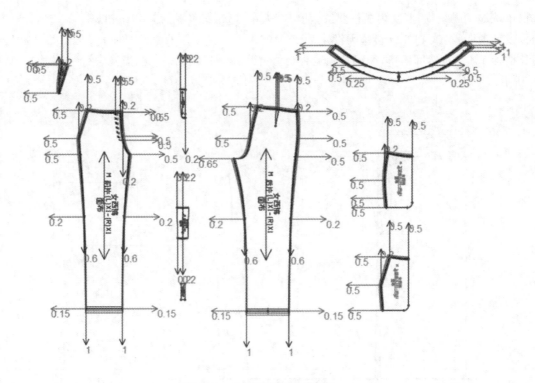

图 5-67 女西裤系列样板制作

2. 男 POLO 衫博克 CAD 制版

1)任务内容

按照所提供的男 POLO 衫款式图(见图 5-68)以及规格尺寸表(见表 5-3)完成款式分析、结构制图、样板制作以及系列样板制作。(该任务与女西裤基础款任务内容相同,此处不再赘述。)

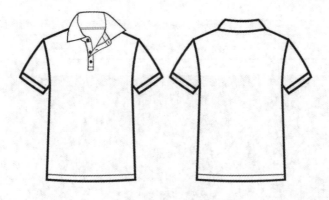

图 5-68 男 POLO 衫款式图

表 5-3 男 POLO 衫规格尺寸表

单位:cm

号型	部位						
	后中长	胸围	肩宽	袖长	袖口大	领宽	门襟长
165/86A	73	105	48.3	21.5	17.5	7	15.5
170/90A	75	110	49.5	22.5	18.5	7	16
175/94A	77	115	50.7	23.5	19.5	7	16.5
180/98A	79	120	51.9	24.5	20.5	7	17

2)款式分析

本款为男 POLO 衫基础款,领型为横机领、底摆双针卷边、横机袖口、偏门襟、三粒扣。坯布成分中主料是精梳棉单珠地网眼织物,罗纹为横机罗纹;辅料有人字纱带、无纺粘合衬和纽扣。

结构设计说明:本款 POLO 衫基码设定为 170/90A。因主面料采用针织面料,在长度设定时衣长增加 2%、袖长增加 1%的自然回缩率;编织领领宽为定值;前后胸围、胸宽、领宽、肩宽、落肩均相同。结构设计如图 5-69 所示。

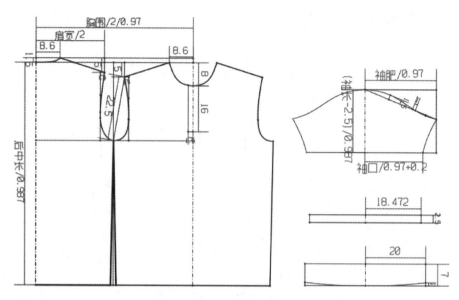

图 5-69　男 POLO 衫结构设计图

3)博克 CAD 结构制图

(1) 建立尺码表:打开博克 CAD 软件,建立男 POLO 衫尺码表,如图 5-70 所示。标出基码(170/90A)。

尺码表

| 恢复　清零　打开　保存　另存　缩水　增加规格　删除规格　增加部位　删除部位　设为基码　隐藏基码　导入导出　常用公式　确定 |

| 单体部位 ▼ | 厘米 ▼ | ← → | ☐ 显示档差 ☑ 联动修改 | | 档差 | 0.0 | ☐ 自动档差　多码跳档 | 1 |

部位\规格	档差	S	M*	L	XL	
后中长	2	73	75	77	79	
胸围	5	105	110	115	120	
肩宽	1.2	48.3	49.5	50.7	51.9	
袖长	1	21.5	22.5	23.5	24.5	
袖口大	1	17.5	18.5	19.5	20.5	
领宽	0	7	7	7	7	
门襟长	0.5	15.5	16	16.5	17	
袖肥	1	22	23	24	25	

图 5-70　男 POLO 衫尺码表

(2) 绘制男 POLO 衫前片。

①前后片基础线:纸样智能模式下,智能笔在绘图区空白处按住左键向右下角移动,松开鼠标左键弹出对话框,输入参数(横向:胸围/2/(1-3%)(回缩率)。纵向:后中长/(1-1.3%)(回缩率)),右键结束。智能笔作前中线的平行线,在弹出的对话框中输入参数"22.5",右键结束侧缝基础线绘制,如图 5-71 所示。

②前肩斜线:智能笔移动到上平线上(靠近前中线的位置)单击左键,在弹出的对话框内输入参数(前领宽),单击右键确定前领宽点;用同样的操作方法确定前肩宽点;单击前肩宽点,单击右键自动切换成垂直线,向下移动一小段距离,单击左键,弹出对话框,输入参数"5"(落肩量),右键结束。智能笔左键单击肩颈点移动到落肩点上单击左键,再单击右键结束,如图 5-72 所示。

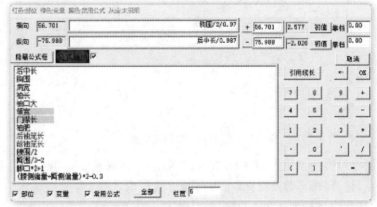

图 5-71　男 POLO 衫前后片基础线

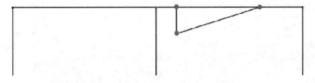

图 5-72　男 POLO 衫前肩斜线

③前领窝线：智能笔在前中线（靠近上平线端点）单击左键，输入参数"8"（前领深），右键确定前领深点；连接前领宽点与前领深点，右键单击该线条变成绿色，左键斜拉调整弧度，单击右键结束，如图 5-73 所示。

图 5-73　男 POLO 衫前领窝线

④前袖笼线：智能笔状态下，左键单击落肩点，移动到侧缝基础线上，单击鼠标右键，在弹出的对话框内输入参数"22.5"，右键结束。

胸围线：智能笔状态下，左键单击前袖笼深点，单击右键切换成垂直线，拉移到前中线上任意一点，单击左键完成。

前袖笼弧线：智能笔状态下，单击落肩点，向左水平绘制线段（参数 1.5），再作垂直线连接到胸围线。使用等分工具 ▣ 将垂直线线段三等分。依次单击落肩点、第二等分点、前袖笼深点，右键结束选择，再右键单击线条，左键调整弧线，右键结束，如图 5-74 所示。

⑤侧缝线：智能笔左键单击前袖笼深点，光标移动到前片下平线上（靠近侧缝基础线端点），单击左键，在弹出的对话框内输入参数"1"（撤进量），单击右键结束，如图 5-75 所示。

⑥门襟线：智能笔依次框选领窝弧线、肩斜线、袖笼弧线与侧缝线，再单击右键，在弹出的对话框内选择"对称复制"，左键单击前中线，在弹出的对话框内选择"保留原图元"，调整前领窝弧线；光标放置在前领窝弧线上（靠近前中线与领窝弧线交点），单击左键，在弹出的对话框内输入参数"1.5"（1/2 门襟宽），单击右键

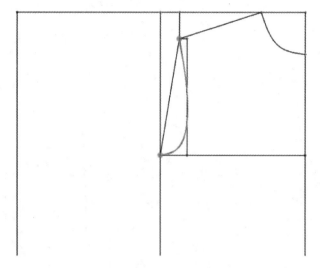

图 5-74　男 POLO 衫前袖笼线　　　　　　　　　　图 5-75　男 POLO 衫前侧缝线

确定门襟顶点位置；光标放置在门襟顶点上，按住"Alt"键，按住鼠标左键作"L"形线条相交于前中线上一点，松开"Alt"键及鼠标，在弹出的对话框内选择"参考指定点"，左键单击参考点（前领深端点），输入参数"16"（门襟长度），单击右键结束，如图 5-76 所示。

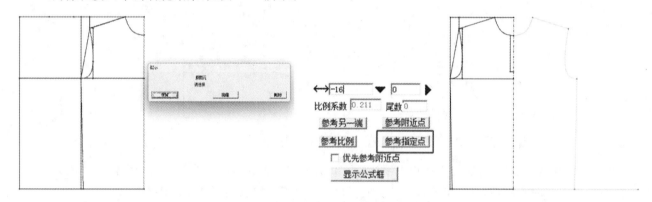

图 5-76　男 POLO 衫门襟线

（3）绘制男 POLO 衫后片。

①后领弧线：参考前领窝弧线操作，输入参数"1.5"（后领高）、"8.6"（后领宽），如图 5-77 所示。

②后肩线：参考前肩线操作，如图 5-78 所示。

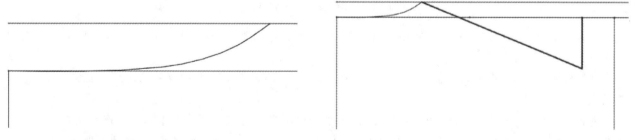

图 5-77　男 POLO 衫后领弧线　　　　　　　　　图 5-78　男 POLO 衫后肩线

③后袖笼弧线：智能笔框选前片胸围线，左键单击前片袖笼深端点，拉出线条移动至后中线上，左键单击结束后胸围线绘制；参考前袖笼线绘制方法画出后袖笼弧线，如图 5-79 所示。

④后侧缝线：智能笔左键单击前袖笼深点，光标移动到后片下平线上（靠近侧缝基础线端点），单击左键弹出对话框，输入参数"1"（撇进量），单击右键结束，如图 5-80 所示。

⑤前、后中线线型修改：智能笔分别框选前中线和后中线，单击右键，在弹出的对话框内选择"修改线

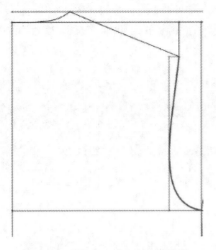

图 5-79 男 POLO 衫后袖笼弧线

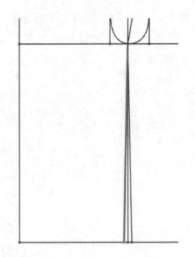

图 5-80 男 POLO 衫后侧缝线

型",弹出设置线类型对话框,选择"━ · ━ ·","结构线宽"输入参数"1.2",单击"确定",前中线和后中线变成点画线,如图 5-81 所示。

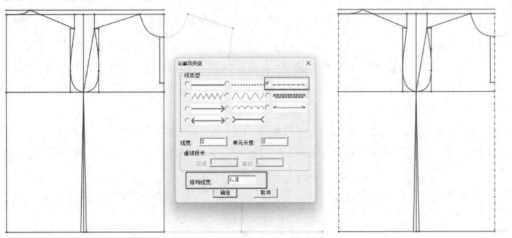

图 5-81 男 POLO 衫前、后中线线型修改

(4) 绘制男 POLO 衫袖子。

①测量袖笼弧线(AH):菜单栏选择测量工具 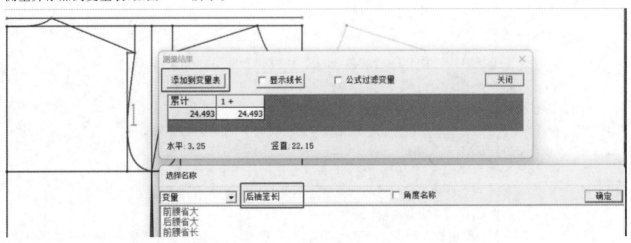,左键单击后袖笼弧线,在弹出的对话框内选择"添加到变量表",弹出选择名称对话框,输入名称"后袖笼长",单击"确定"结束。用同样的操作进行前袖笼弧线测量并添加到变量表,如图 5-82 所示。

图 5-82 男 POLO 衫袖笼长测量

②袖子基础结构线：智能笔绘制矩形，在对话框内输入参数（横向：袖肥。纵向：袖长），单击"OK"完成；左键单击左上角端点，移动至框架右竖线上任意一点，单击右键，在弹出的对话框内输入参数"前袖笼长"，单击"OK"完成袖山斜线绘制，如图5-83所示。

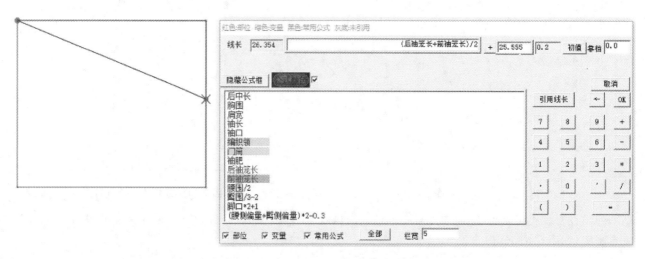

图5-83　男POLO衫袖子基础结构线

③袖笼弧线：智能笔进行袖山斜线三等分操作，左键单击第一等分中点，光标在斜线上移动一定距离，键盘输入字母"T"，光标斜向上移动，单击左键，在弹出的对话框内输入参数"1.5"，单击右键确定上弧线顶点；智能笔在袖山斜线上靠近第二等分点右侧定一点（距离参数"1"），用同样的方法确定下弧线顶点（参数"1"）；依次连接各点，调整袖笼弧线弧度完成绘制。

④袖口线与袖侧缝线：智能笔状态下，光标放置在袖口基础线靠近袖中线位置单击左键，弹出对话框，输入参数"袖口大/2"，单击右键完成袖口宽点。连接该点与袖笼弧线末点，调整弧线弧度完成袖侧缝线绘制。

⑤袖中线线型修改：与男POLO衫衣身前、后中线线型修改操作相同，如图5-84所示。

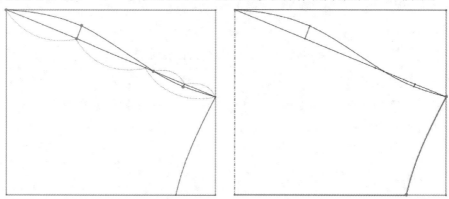

图5-84　男POLO衫袖笼弧线、袖口线、袖侧缝线绘制与袖中线线型修改

（5）男POLO衫领子、袖口与门襟。

智能笔状态下分别作矩形，绘制领子、袖口与门襟，如图5-85所示。

（6）结果保存：将男POLO衫结构制图的结果保存在文件夹中，文件名：FZZBS1-1。

4）男POLO衫博克CAD样板制作

（1）生成裁片：如图5-86所示，具体操作请参照女西裤生成裁片步骤。

（2）结果保存：将男POLO衫样板制作的结果保存在文件夹中，文件名：FZZBS1-2。

5）男POLO衫博克CAD系列样板制作

（1）设置网状图颜色：菜单栏选择设置—颜色设置—网状图颜色，选择号型对应颜色，颜色分别为：165/86A红色，170/90A黑色，175/94A绿色，180/98A蓝色。

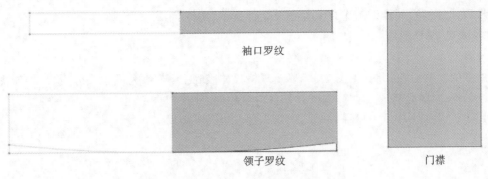

袖口罗纹

领子罗纹

门襟

图 5-85　男 POLO 衫领子、袖口与门襟

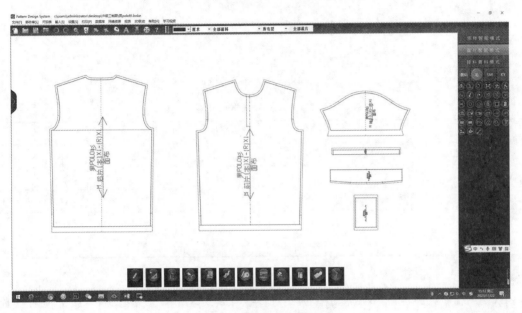

图 5-86　男 POLO 衫样板制作

（2）点放码：裁片智能模式下，选择点放码工具 ，单击 SM ，单击"全显"，显示所有号型，单击 网 显示网状线，鼠标单击放码点，在弹出的对话框内输入横向、纵向的放码量；完成点放码，再单击 XY ，显示放码量，如图 5-87 所示。

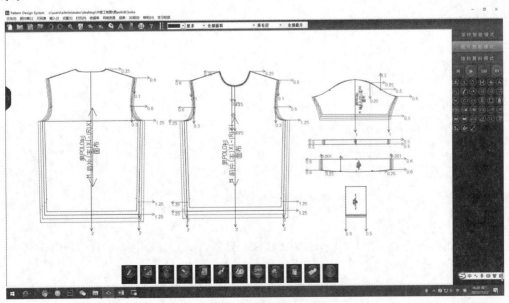

图 5-87　男 POLO 衫博克 CAD 系列样板

（3）将男 POLO 衫系列样板制作结果保存在文件夹中，文件名：FZZBS1-3。

3.女衬衫博克 CAD 制版

1）任务内容

按照所提供的女衬衫款式图（见图5-88）以及规格尺寸表（见表5-4）完成款式分析、结构制图、样板制作以及系列样板制作。（该任务与女西裤基础款任务内容相同，此处不再赘述。）

图 5-88　女衬衫款式图

表 5-4　女衬衫规格尺寸表

单位：cm

号型	部位						
	衣长	胸围	腰围	臀围	肩宽	袖长	袖口
155/80A	58.5	84	70	88	37	54.8	19
160/84A	60	88	74	92	38	56	20
165/88A	61.5	92	78	96	39	57.2	21
170/92A	63	96	82	100	40	58.4	22

2）款式分析

本衬衫款使用棉质无弹性薄型面料，造型为女衬衫修身款式。领型为方型翻领，腰部前后收省，正面纽扣开合，长袖，袖口装袖克夫。基码设置为160/84A，腰省设置为2.8 cm，侧腰收进1.3 cm，袖克夫宽设置为5 cm。女衬衫结构设计如图5-89所示。

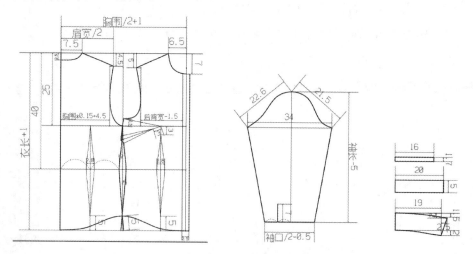

图 5-89　女衬衫结构设计图

3）女衬衫博克 CAD 结构制图

（1）建立尺码表：打开博克 CAD 软件，建立女衬衫尺码表，标出基码（160/84A），如图5-90所示。

（2）绘制女衬衫前片与后片。

①基础线。

纸样智能模式下，智能笔在绘图区空白处按住左键向右下角移动，松开鼠标左键弹出对话框，输入参数

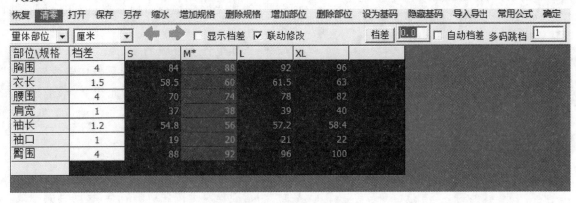

图5-90 女衬衫尺码表

部位\规格	档差	S	M*	L	XL
胸围	4	84	88	92	96
衣长	1.5	58.5	60	61.5	63
腰围	4	70	74	78	82
肩宽	1	37	38	39	40
袖长	1.2	54.8	56	57.2	58.4
袖口	1	19	20	21	22
臀围	4	88	92	96	100

（横向："胸围/2+1"。纵向："衣长+1"），单击"OK"结束（1为损耗量）。

胸围基础线：智能笔状态下，鼠标左键按住上平线，向下拖动一定距离松开，在弹出的对话框内输入参数"25"，单击右键结束。

腰围基础线：智能笔状态下，鼠标左键按住上平线，向下拖动一定距离松开，在弹出的对话框内输入参数"40"，单击右键结束。

侧缝基础线：用等分工具 取上平线中点，智能笔单击此点垂直向下连接下平线。

女衬衫结构基础线如图5-91所示。

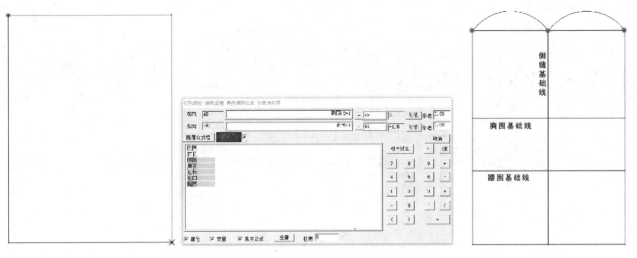

图5-91 女衬衫结构基础线

②肩线与领弧线。

后领宽点：智能笔靠近上平线左端点，在上平线上单击鼠标左键，弹出对话框，输入参数"7.5"，单击右键结束。

后领深点：智能笔靠近后中基础线上端点，在后中基础线上单击鼠标左键，弹出对话框，输入参数"2.5"，单击右键结束。

后领弧线：智能笔左键单击后领宽点，移动到后领深点上单击左键，单击右键结束，调整线条弧度。

后肩端点：智能笔靠近上平线左端点，在上平线上单击鼠标左键，弹出对话框，输入参数"肩宽/2"，单击右键结束，确定后肩宽点；单击此点向下作垂直线（长度参数"4.5"），右键结束，确定后肩端点。

后肩线：智能笔左键单击后领宽点，移动到后落肩点上单击左键，单击右键结束，调整线条弧度。

前领宽点：智能笔靠近上平线右端点，在上平线上单击鼠标左键，弹出对话框，输入参数"6.5"，单击右键结束。

前领深点：智能笔靠近前中基础线上端点，在前中基础线上单击鼠标左键，弹出对话框，输入参数"7"，

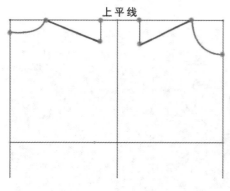

图 5-92 女衬衫肩线与领弧线

单击右键结束。

前领弧线:智能笔左键单击前领宽点,移动到前领深点上单击左键,单击右键结束,调整线条弧度。

前肩线:智能笔作上平线的平行线,鼠标左键按住上平线向下拖动后松开左键,在弹出的对话框中输入参数"5",右键结束;左键单击前领宽点,移动到此线上,单击鼠标右键,在弹出的对话框中输入参数(后肩线长的测量数据),右键结束。完成后删除辅助线。

女衬衫肩线与领弧线如图 5-92 所示。

③袖笼弧线。

后背宽:智能笔左键按住后落肩点,移动到胸围线上,在靠近胸围线与后中基础线交点附近松开,在弹出的对话框中输入公式"胸围×0.15+4.5",右键结束。

后袖笼弧线:智能笔左键单击后落肩点,移动到胸围线与侧缝基础线交点上单击左键,右键结束,调整弧线。

前胸宽:智能笔左键按住前落肩点,移动到胸围线上,在靠近胸围线与前中基础线交点附近松开,在弹出的对话框中输入公式"后背宽-1.5",右键结束。

前袖笼弧线:智能笔光标放置在胸围线上靠近前中基础线交点,左键单击,在弹出的对话框中输入参数"9",右键结束;鼠标左键单击此点,移动到胸围线与侧缝基础线交点上按住左键向上移动后松开,在弹出的对话框中输入参数"2.5",右键结束;智能笔状态下,左键单击此线端点,移动到前落肩点上单击左键,右键结束,调整弧线。

女衬衫袖笼弧线如图 5-93 所示。

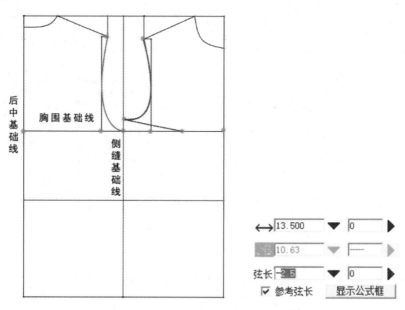

图 5-93 女衬衫袖笼弧线

④侧缝及下摆线。

后侧缝线:智能笔左键单击后袖笼深点,移动经过腰围线与侧缝基础线交点附近,在腰围线上单击左键,在弹出的对话框中输入参数"1.2",再移动至线上,在与侧缝基础线交点右侧单击左键,在弹出的对话框中输入参数"0.5",右键结束,调整弧线。

后下摆线:智能笔左键单击后中基础线与下平线交点,移动至侧缝弧线上,左键单击,在弹出的对话框中输入参数"5",右键结束,调整曲线。

前侧缝线:智能笔框选后侧缝线,空白处单击右键,在弹出的选项中选择"对称复制",左键单击侧缝基础线,弹出提示框,选择"保留"。

前下摆线:智能笔框选后下摆线,空白处单击右键,在弹出的选项中选择"对称复制",左键单击侧缝基础线,弹出提示框,选择"保留"。

女衬衫侧缝及下摆线如图5-94所示。

⑤前后片省道。

后腰省中线:用等分工具将后腰围线两等分取中点,智能笔左键单击此点,单击右键切换成垂直线,移动到胸围线上,左键单击;智能笔左键单击此点,单击右键切换成垂直线,移动到下平线上,左键单击。

后腰省线:智能笔单击省中线上端点,向下移动至腰围线上,在与省中线交点处左侧左键单击,在弹出的对话框中输入参数"1.4",再向下移动至省中线下端点附近,左键单击,在弹出的对话框中输入参数"5",右键结束,调整曲线。使用"对称复制"功能,画出另一边省线。

前腰省中线:智能笔左键单击BP点,单击右键切换成垂直线,移动到下平线上,左键单击。

前腰省线:智能笔在省中线上端点附近左键单击,在弹出的对话框中输入参数"3",右键结束;智能笔状态下,左键单击此点向下

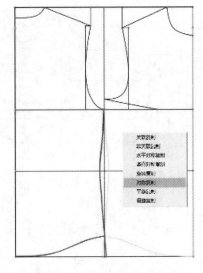

图5-94 女衬衫侧缝及下摆线

移动至腰围线上,在与省中线交点处左侧左键单击,在弹出的对话框中输入参数"1.4",再向下移动至省中线下端点附近,左键单击,在弹出的对话框中输入参数"5",右键结束,调整曲线。使用"对称复制"功能,画出另一边省线。

胸省:智能笔左键单击BP点,移动至前侧缝线上端点附近左键单击,在弹出的对话框中输入参数"6",右键结束;选择线断开工具 ,左键单击此点再左键单击前侧缝线;智能笔状态下,框选图中红色线段,空白处单击右键,选择"旋转复制",左键单击BP点,移动至前侧缝线上端点,左键单击后光标移动至前袖笼弧线下端点,左键单击,在弹出的对话框中更改弦长参数为"2.5",单击"确定"完成。

女衬衫前后片省道如图5-95所示。

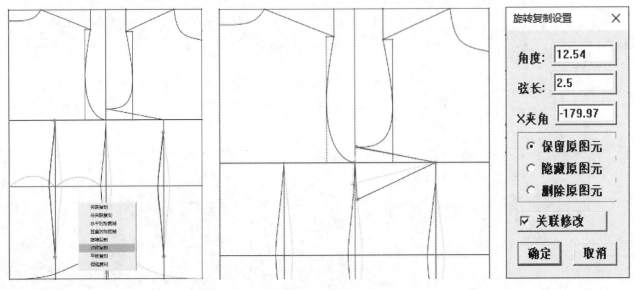

图5-95 女衬衫前后片省道

⑥胸省省山。

智能笔依次框选上省线、下省线、前侧缝线,空白处右键单击,弹出菜单,选择"加省山";连接省山中点与BP点画出省中线,在此线上靠近BP点位置单击鼠标左键,在弹出的对话框中输入数字"3",重新确定省尖位置,重新绘制省道。

女衬衫胸省省山如图5-96所示。

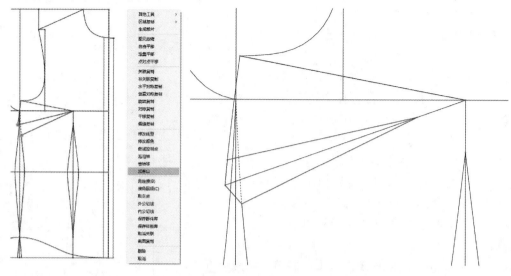

图5-96 女衬衫胸省省山

⑦门襟线。

智能笔左键按住前中基础线，分别向两边作平行线，左键松开，在弹出的对话框中输入参数"1.25"；智能笔状态下，分别延长前领弧线和下摆弧线交于外侧平行线。

女衬衫门襟线如图5-97所示。

（3）绘制袖子。

①一片袖：智能笔在绘图区右键单击，在弹出的菜单中选择"一片袖"，在弹出的对话框中输入对应参数，单击确定完成，如图5-98所示。

②袖开衩：操作等分工具，二等分取后袖口中点，智能笔左键单击此点，右键切换成垂直线，向上移动后单击左键，在弹出的对话框中输入参数"7"，单击右键结束。

③袖衩滚边：纸样智能模式下，智能笔在绘图区空白处按住左键向右下角移动，松开鼠标左键弹出对话框，↔输入"16"，↕输入"－1.7"，如图5-99所示。

④袖克夫：纸样智能模式下，智能笔在绘图区空白处按住左键向右下角移动，松开鼠标左键弹出对话框，↔输入"20"，↕输入"－5"，如图5-100所示。

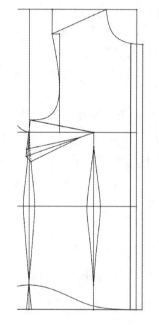

图5-97 女衬衫门襟线

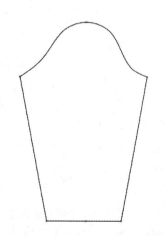

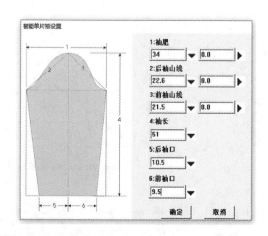

图5-98 女衬衫袖子

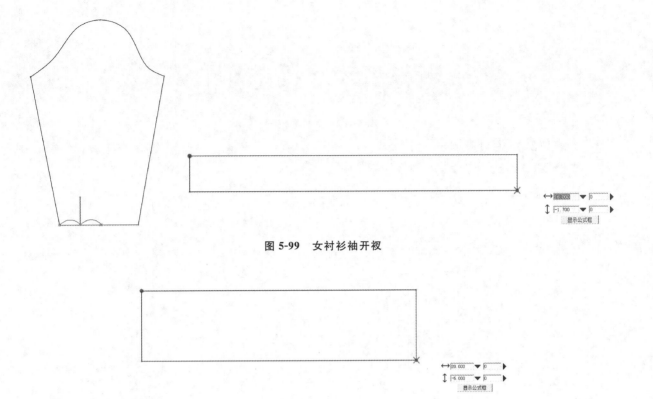

图 5-99　女衬衫袖开衩

图 5-100　女衬衫袖克夫

（4）绘制领子。

①基础线：纸样智能模式下，智能笔在绘图区空白处按住左键向右下角移动，松开鼠标左键弹出对话框，↔输入"19"，↕输入"-7"，如图 5-101 所示。

图 5-101　女衬衫领子基础线

②上领线：点偏移操作，鼠标左键按住上平线右边端点，向下向右移动后松开，在弹出的对话框中↔输入"2.5"，↕输入"-2"。智能笔左键单击此点，连接上平线左边端点，右键结束；调整曲线。

③下领线：智能笔状态下，延长领口基础线下端点，在弹出的对话框中输入参数"2"，智能笔左键单击此点，连接下平线左边端点，右键结束；调整曲线。

④领口线：智能笔状态下，左键单击上领线右端点移动至下领线右端点上左键单击，右键结束。

女衬衫领子如图 5-102 所示。

⑤结果保存：鼠标左键单击菜单栏"文件"，选择"另存为"，单击标准格式，弹出对话框，选择保存路径"考生文件夹"，更改文件名为"FZZBS1-1"。

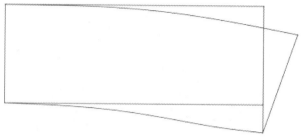

图 5-102　女衬衫领子

4）女衬衫博克 CAD 样板制作

（1）生成裁片：如图 5-103 所示，具体操作参照女西裤。

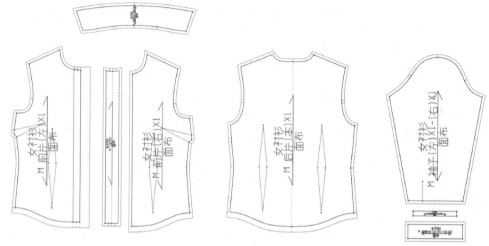

图 5-103　女衬衫样板制作

（2）结果保存：鼠标左键单击菜单栏"文件"，选择"另存为"，单击标准格式，弹出对话框，选择保存路径"考生文件夹"，更改文件名为"FZZBS1-2"。

5）女衬衫博克 CAD 系列样板制作

（1）设置网状图颜色：菜单栏选择设置—颜色设置—网状图颜色，选择号型对应颜色，颜色分别为：155/80A 红色，160/84A 黑色，165/88A 绿色，170/92A 蓝色。

（2）点放码：裁片智能模式下，选择点放码工具 ，单击 ，单击"全显"，显示所有号型，单击 显示网状线，鼠标单击放码点，弹出对话框，输入横向、纵向的放码量。完成点放码，再单击 ，显示放码量。显示放码网状图，并标注出各放码点的 XY 放缩码量，如图 5-104 所示。

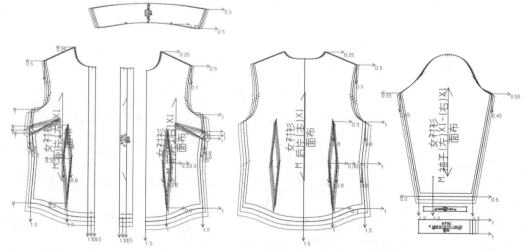

图 5-104　女衬衫系列样板制作

（3）结果保存：鼠标左键单击菜单栏"文件"，选择"另存为"，单击标准格式，弹出对话框，选择保存路径"考生文件夹"，更改文件名为"FZZBS1-3"。

三、学习任务小结

本任务我们学习了博克 CAD 系统中级款制版的工作过程，重点掌握了西裤、POLO 衫、衬衫类服装的制版过程，并模拟了相关操作。同学们要掌握这几类款式制版中所运用的工具的操作步骤与方法，并能运用软件工具进行裙装、裤装、POLO 衫、衬衫类服装结构制图、制版、推版及排料。在制版训练中参考本书所给的中级制版拓展款，按要求勤加练习，以达到服装中级制版师的水平。

四、课后作业

参考本书中级制版拓展款款式图，设置规格尺寸表，完成款式分析、结构制图、样板制作以及系列样板制作。

学习任务三　服装制版师高级技能款博克CAD制版

教学目标

1. 专业能力：通过对旗袍、夹克衫、西服类产品的款式分析，运用博克CAD软件演示它们的样板制作过程，使学生熟悉并掌握此类款式的样板绘制步骤与技巧。

2. 社会能力：培养学生独立工作的能力和与他人正常交往的能力。

3. 方法能力：使学生具备良好的观察能力、思维能力以及想象能力。

学习目标

1. 知识目标：能正确描述运用博克CAD软件对旗袍、夹克衫、西服类款式进行系列制版的过程和要求。

2. 技能目标：能熟练运用博克CAD软件完成旗袍、夹克衫、西服类服装款式的制图、样板制作以及推版任务，并达到质量要求。

3. 素质目标：具备良好的资料收集、整理、归纳能力与沟通能力。

教学建议

1. 教师活动：演示或播放旗袍、夹克衫、西服类款式博克CAD制版过程，帮助学生了解博克CAD制版的全过程，提高学生学习博克CAD的热情，并引导学生进行模拟以及拓展训练，深入掌握博克CAD制版步骤和要求，达到高级服装制版师操作水平。

2. 学生活动：观看教师演示，熟悉旗袍、夹克衫、西服类服装博克CAD制版的操作步骤与工具使用，模拟教师操作，巩固知识与操作技能，并通过拓展训练，达到高级服装制版师软件操作水平。

一、学习问题导入

各位同学，大家已熟悉了博克 CAD 软件中级制版操作，下面我们将进一步运用博克 CAD 软件对旗袍、夹克衫、西服等变化较复杂的服装款式进行制版训练。请同学们回顾博克制版软件的学习，讲一讲你认为在博克 CAD 软件制版中难度较大的操作是什么，你是如何解决这个难题的。

二、学习任务讲解

1. 旗袍实例博克 CAD 制版训练

1）训练内容与操作要求

训练内容：

①根据所给旗袍款式图（见图 5-105）及规格尺寸表（见表 5-5）进行产品款式分析，在博克 CAD 软件中输入规格尺寸表，标出基码（160/84A），并按基码绘制结构图。

图 5-105　旗袍款式图

表 5-5　旗袍规格尺寸表

单位：cm

号型	部位							
	衣长	肩宽	胸围	腰围	臀围	领高	袖长	袖口
155/80A	117	37	86	68	92	5	19	27
160/84A	120	38	90	72	96	5	20	28
165/88A	123	39	94	76	100	5	21	29
170/92A	126	40	98	80	104	5	22	30

②将款式分析及结构图绘制的结果保存在文件夹中，文件名：FZZBS1-1。

③在结构图的基础上进行样板制作。

④进行旗袍系列样板制作。

操作要求：

①在结构图的基础上拾取基码的全套面布纸样。

②编辑款式资料和纸样资料，包括款式名、码数、纸样名称、份数、布料名、布纹设定等，并设置将资料显示在纸样中布纹线上下。

③给纸样加上合理的缝份、剪口、钻孔、眼位等标记并调整其布纹线。

④将基础样板制作的结果保存在自主设定的文件夹中，文件名：FZZBS1-2。

⑤运用博克CAD软件进行号型编辑,显示的颜色分别为:155/80A 红色,160/84A 黑色,165/88A 绿色,170/92A 蓝色。

⑥使用点放码方法给所绘制的所有纸样放码。

⑦显示放码网状图,并标注出各放码点的 XY 放缩码量。

⑧在系列样板上显示出布纹线及款式名、码数、纸样名称、份数、布料名、缝份、标记等。

⑨将系列样板制作结果保存在自主设定的文件夹中,文件名:FZZBS1-3。

2)款式分析

仔细研究款式图与规格尺寸表,分析旗袍的长短特点、领型特点、腰节线位置以及裙片有结构变化的位置(腰省),并记录下来。之后详细判断前后裙长差、腰节线的具体位置、领宽与领深、肩宽与肩斜、袖笼宽与袖笼深、侧缝收腰量。旗袍结构设计图如图 5-106 所示。

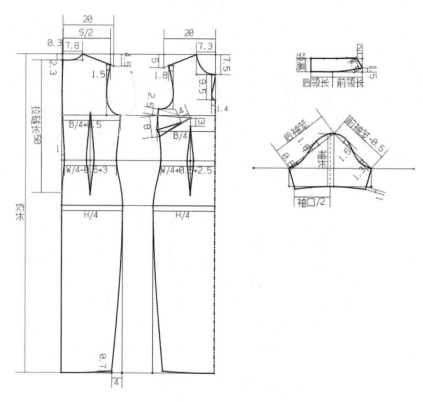

图 5-106 旗袍结构设计图

3)博克 CAD 结构制图

(1)建立尺码表。

打开博克 CAD 软件,建立旗袍尺码表,标出基码(160/84A),并按基码绘制结构图,如图 5-107 所示。

(2)重难点结构绘制方法。

①胸省转移:智能笔左键单击 BP 点,移动至前侧缝线上端点附近左键单击,在弹出的对话框中输入参数"8",右键结束;选择线断开工具 🖊️ ,左键单击此点再左键单击前侧缝线;智能笔状态下,框选图中红色线段,空白处单击右键,选择"旋转复制",左键单击 BP 点,移动至前侧缝线上端点,左键单击后光标移动至前袖笼弧线下端点,左键单击,在弹出的对话框中更改弦长参数为"2.5",单击"确定"完成,如图 5-108 所示。

②胸省省山:智能笔依次框选上省线、下省线、前侧缝线,空白处右键单击,弹出菜单,选择"加省山",如图 5-109 所示。

(3)结果保存:自主设定一个文件夹,将旗袍制图结果保存在该文件夹里,更改文件名为"FZZBS1-1"。

4)旗袍样板制作

(1)生成裁片:智能笔依次点选旗袍各结构线形成闭合路径,进行生成裁片操作。

(2)生成样板:在裁片上进行放缝、打剪口、定布纹线与文字标注等操作,如图 5-110 所示。

尺码表

恢复 清零 打开 保存 另存 档差 缩水 增加规格 删除规格 增加部位 删

○ 厘米 ○ 英寸(小数) ○ 英寸(分数) ○ 市寸 ○ 毫米 档差 | 0.0

部位\规格	S	M*	L	XL
衣长	117	120	123	126
胸围	86	90	94	98
腰围	68	72	76	80
臀围	92	96	100	104
肩宽	37	38	39	40
袖长	19	20	21	22
袖口	27	28	29	30
背长	39	40	41	42
领高	5	5	5	5

图 5-107 旗袍尺码表

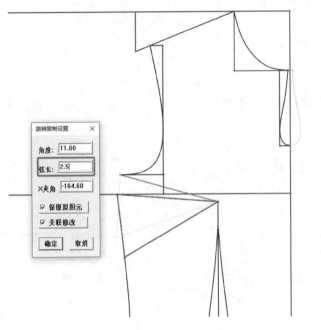

图 5-108 胸省转移

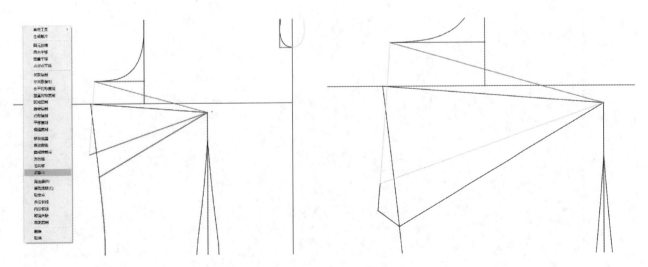

图 5-109 胸省省山

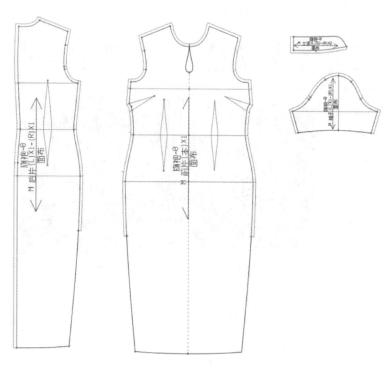

图 5-110　旗袍样板

（3）结果保存：将旗袍样板制作结果保存在文件夹中，更改文件名为"FZZBS1-2"。

5）系列样板制作

（1）通过设置网状图颜色（155/80A 红色，160/84A 黑色，165/88A 绿色，170/92A 蓝色），以及裁片智能模式下点放码操作，完成系列样板的制作，如图 5-111 所示。

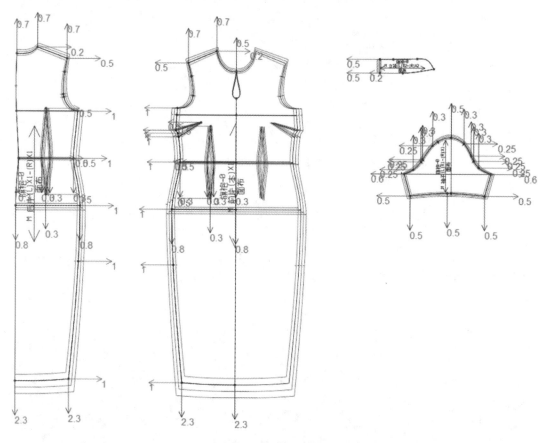

图 5-111　旗袍系列样板

（2）结果保存：将旗袍系列样板制作结果保存在文件夹中，更改文件名为"FZZBS1-3"。

2．夹克衫实例博克 CAD 制版训练

1）任务内容

按照所提供的女夹克衫款式图（见图 5-112）以及规格尺寸表（见表 5-6）完成款式分析、结构制图、样板制作以及系列样板制作。（该任务内容与操作要求与旗袍款相同。）

正面　　　　　　　背面

图 5-112　女夹克衫款式图

表 5-6　女夹克衫规格尺寸表

单位：cm

号型	部位				
	后中长	肩宽	胸围	袖口	袖长
155/80A	57	37	92	25	59
160/84A	58	38	96	26	60
165/88A	59	39	100	27	61
170/92A	60	40	104	28	62

2）款式分析

本款夹克衫属修身款，立领，前中装拉链，前衣片肩部弧线分割，后衣片育克线曲线分割，竖插袋，下摆装登闩，一片袖，袖山部有贴布装饰，侧缝收腰不明显。在结构设计时需考虑各部位加放量设置的合理性，尤其是各部位分割比例要恰当。女夹克衫结构设计如图 5-113 所示。

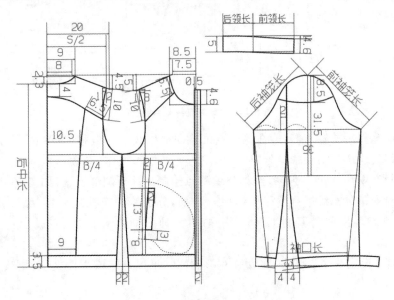

图 5-113　女夹克衫结构设计图

3）博克 CAD 结构制图

（1）建立尺码表。

打开博克 CAD 软件,建立夹克衫尺码表,标出基码(160/84A),并按基码绘制结构图,如图 5-114 所示。

尺码表

| 恢复 | 清零 | 打开 | 保存 | 另存 | 缩水 | 增加规格 | 删除规格 | 增加部位 | 删除部位 | 设为基码 | 隐 |

| 里体部位 ▼ | 厘米 ▼ | ← → | □显示档差 ☑联动修改 | 档差 | 0.0 |

部位\规格	档差	S	M*	L	XL	
胸围	4	92	96	100	104	
后中长	1	57	58	59	60	
肩宽	1	37	38	39	40	
袖长	1	59	60	61	62	
袖口	1	25	26	27	28	

图 5-114　女夹克衫尺码表

(2)重难点结构绘制方法。

①袖片参数设定:在界面空白处单击右键弹出对话框,选择"一片袖",在弹出的对话框中设置袖子参数,依次填写"袖肥""后袖山线""前袖山线""袖长""后袖口""前袖口",如图 5-115 所示。

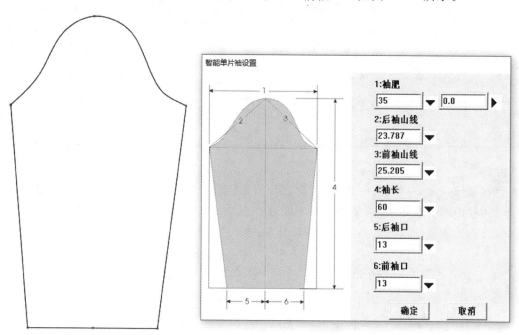

图 5-115　女夹克衫袖片绘制

②袖片分割:智能笔将后袖宽二等分,在等分点位置向袖中线方向偏移(参数:2)定一点,在此点上绘制大小袖分割线,分割线延长至袖山及袖口处,袖口处左右各做偏移操作(参数:4)定两点,从袖山分割点经过袖肥分割点连接袖肘点(偏移 0.6),再连接至袖口偏移点绘制出袖子侧缝弧线,如图 5-116 所示。

③袖克夫绘制:对袖口分割线进行偏移操作(参数:4),分别修补至袖口两边,弧线修顺;大袖与小袖袖口各取袖克夫宽(参数:3),用假缝复制工具,将小袖与大袖的袖克夫拼接,完成袖克夫绘制,如图 5-117 所示。

(3)结果保存:自主设定一个文件夹,将女夹克衫制图结果保存在该文件夹里,更改文件名为"FZZBS1-1"。

4)女夹克衫样板制作

(1)生成裁片:智能笔依次点选女夹克衫各结构线形成闭合路径,进行生成裁片操作。

(2)生成样板:在裁片上进行放缝、打剪口、定布纹线与文字标注等操作,如图 5-118 所示。

(3)结果保存:将女夹克衫样板制作结果保存在文件夹中,更改文件名为"FZZBS1-2"。

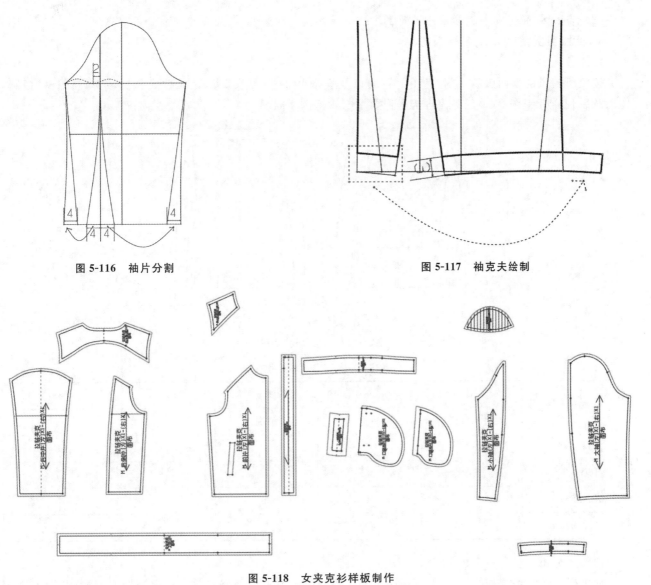

图 5-116 袖片分割

图 5-117 袖克夫绘制

图 5-118 女夹克衫样板制作

5）女夹克衫系列样板制作

（1）通过设置网状图颜色（155/80A 红色，160/84A 黑色，165/88A 绿色，170/92A 蓝色），以及裁片智能模式下点放码操作，完成系列样板的制作，如图 5-119 所示。

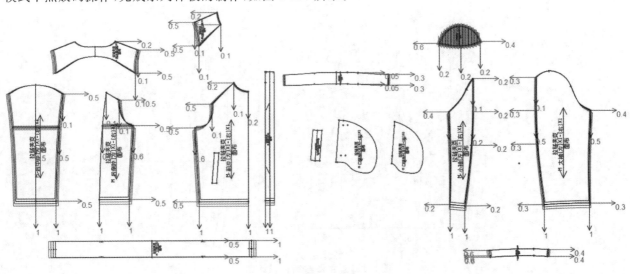

图 5-119 女夹克衫系列样板制作

（2）结果保存：将女夹克衫系列样板制作结果保存在文件夹中，更改文件名为"FZZBS1-3"。

3. 西服实例博克 CAD 制版训练

1）任务内容

按照所提供的女西服款式图（见图 5-120）以及规格尺寸表（见表 5-7）完成款式分析、结构制图、样板制作以及系列样板制作。（该任务内容与操作要求与旗袍款相同。）

正面　　　　　　　　背面

图 5-120　女西服款式图

表 5-7　女西服规格尺寸表　　　　　　　　　　　单位：cm

号型	部位				
	后中长	肩宽	胸围	袖口	袖长
155/80A	53	37	90	25	56
160/84A	54	38	94	26	57
165/88A	55	39	98	27	58
170/92A	56	40	102	28	59

2）款式分析

仔细研究款式图与规格尺寸表，通过分析可以看出该款女西服属修身款，三开身结构，平驳领，平下摆，单排三粒扣，圆装两片袖。前身设腰省，左右衣片腰部横向分割，后片背中缝分割。女西服结构设计如图5-121所示。

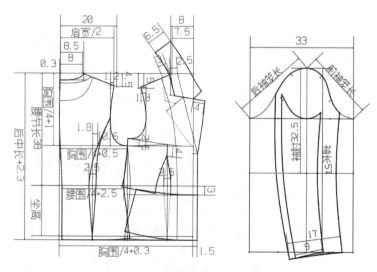

图 5-121　女西服结构设计图

3)博克 CAD 结构制作

(1) 建立尺码表。

打开博克 CAD 软件,建立女西服尺码表,标出基码(160/84A),并按基码绘制结构图,如图 5-122 所示。

尺码表

| 恢复 | 清零 | 打开 | 保存 | 另存 | 缩水 | 增加规格 | 删除规格 | 增加部位 | 删除部位 | 设为基码 | 隐藏 |

| 量体部位 ▼ | 厘米 ▼ | ← → | □ 显示档差 | ☑ 联动修改 | | 档差 | 0.0 |

部位\规格	档差	S	M*	L	XL		
后中长	1	53	54	55	56		
肩宽	1	37	38	39	40		
胸围	4	90	94	98	102		
腰围	4	74	78	82	86		
袖口	1	25	26	27	28		
袖长	1	56	57	58	59		

图 5-122　女西服尺码表

(2) 重难点结构绘制方法。

①袖片绘制:菜单栏选择 ⊘ 工具,左键单击后袖笼弧线,弹出对话框,单击添加到变量表,命名为"后袖山线",重复操作,完成"前袖山线";选择智能笔在绘图区空白处单击右键,选择两片袖,在弹出的对话框中分别设置袖肥"33"、后袖山线(单击旁边黑色小三角,选择上个步骤添加的后袖山线参数)、前袖山线(单击旁边黑色小三角,选择上个步骤添加的前袖山线参数)、袖长(引用尺码表袖长参数)、袖肘线"32.5"、袖口(引用尺码表袖口参数),如图 5-123 所示。

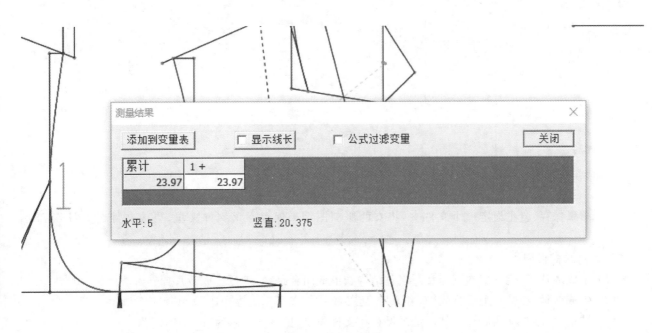

测量结果 ×

| 添加到变量表 | □ 显示线长 | □ 公式过滤变量 | 关闭 |

累计	1 +
23.97	23.97

水平:5　　　　竖直:20.375

图 5-123　袖片绘制

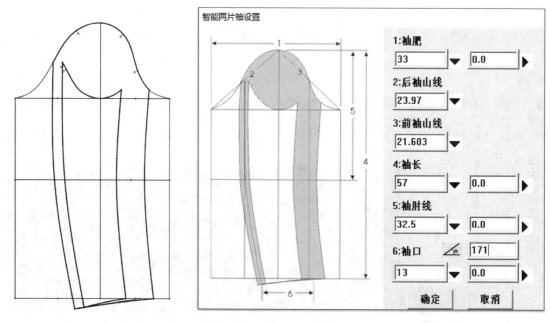

续图 5-123

②领子绘制:测量后领窝弧线及后外领弧线,绘制梯形;用假缝复制与前领进行拼合,重新绘制上下领线,如图 5-124 所示。

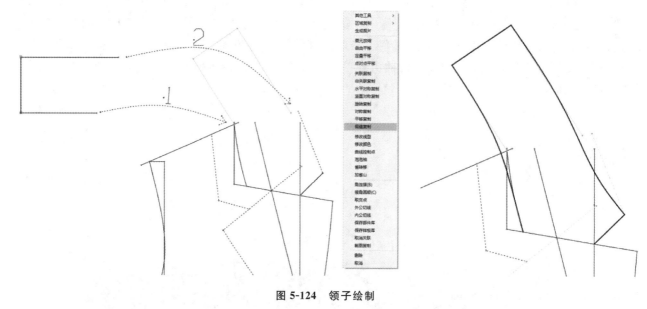

图 5-124 领子绘制

(3) 结果保存:自主设定一个文件夹,将女西服制图结果保存在该文件夹里,更改文件名为"FZZBS1-1"。

4)女西服样板制作

(1) 生成裁片:智能笔依次点选女西服各结构线形成闭合路径,进行生成裁片操作。

(2) 生成样板:在裁片上进行放缝、打剪口、定布纹线与文字标注等操作,如图 5-125 所示。

(3) 结果保存:将女西服样板制作结果保存在文件夹中,更改文件名为"FZZBS1-2"。

5)女西服系列样板制作

(1) 通过设置网状图颜色(155/80A 红色,160/84A 黑色,165/88A 绿色,170/92A 蓝色),以及裁片智能模式下点放码操作,完成系列样板的制作,如图 5-126 所示。

(2) 结果保存:将女西服系列样板制作结果保存在文件夹中,更改文件名为"FZZBS1-3"。

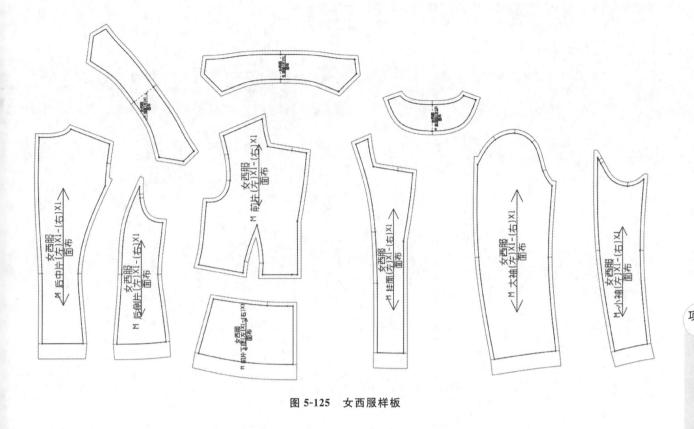

图 5-125　女西服样板

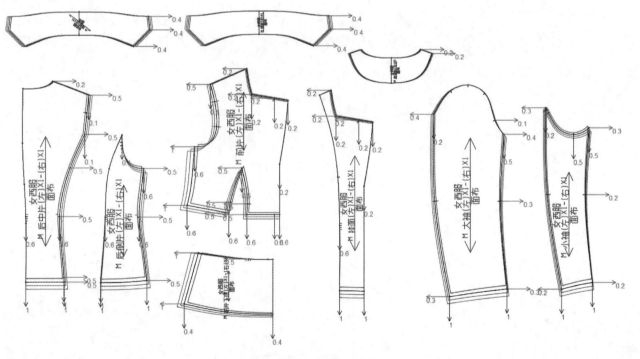

图 5-126　女西服系列样板

三、学习任务小结

本次任务我们学习了博克 CAD 系统高级制版的工作过程，重点掌握旗袍、夹克衫、西服类服装的制版过程，并模拟了相关操作。同学们要能准确地描述这几类款式制版中所运用的工具的操作步骤与方法，并能运用软件工具对旗袍、夹克衫、西服类服装进行制图、制版、推版及排料。在制版训练中参考本书所给的高级制版拓展款,按要求勤加练习,达到服装高级制版师的水平。

四、课后作业

参考本书中高级制版拓展款款式图,设置规格尺寸表,完成款式分析、结构制图、样板制作以及系列样板制作。